人工智能技术与应用专业系列教材

U0180361

主　编◎贾艳光　蔡基锋　马志明
副主编◎谭尚伟　郭文武　徐跃飞

深度学习应用与实践

北京市信息管理学校
广州万维视景科技有限公司　联合组织编写

电子工业出版社

Publishing House of Electronics Industry

北京·BEIJING

内 容 简 介

本书以项目为载体，对机器学习、深度学习和计算机视觉进行实践探究，帮助读者了解三者之间的关系，然后聚焦深度学习技术应用的重点领域"计算机视觉"，从调用云服务接口和开发模型两个方面做深层次探究。本书以企业用人需求为导向，以岗位技能和综合素质为核心，通过理论教学与实践教学相结合的方式，培养读者的深度学习技术应用意识，使其能够根据不同行业的不同需求，进行深度学习项目应用与开发。

全书共 3 篇：入门篇（项目 1～项目 3）为走进深度学习，重点讲解机器学习、深度学习及计算机视觉的基础知识；基础篇（项目 4～项目 8）为应用云服务接口，以计算机视觉的基础任务为主线，围绕智能交通领域介绍图像去雾、图像分类、目标检测、图像分割、文字识别的基本概念及对应服务接口的使用；进阶篇（项目 9～项目 12）为开发计算机视觉模型，衔接基础篇，深入讲解计算机视觉的主流算法和评估指标，指导读者搭建模型并进行训练，开发计算机视觉模型。

本书可以作为职业院校人工智能相关专业的教材，也可以作为计算机视觉应用开发者的参考书。

图书在版编目（CIP）数据

深度学习应用与实践 / 贾艳光，蔡基锋，马志明主编. —北京：电子工业出版社，2024.5

ISBN 978-7-121-47917-5

Ⅰ. ①深… Ⅱ. ①贾… ②蔡… ③马… Ⅲ. ①机器学习 Ⅳ. ①TP181

中国国家版本馆 CIP 数据核字（2024）第 102088 号

责任编辑：关雅莉

印　　刷：三河市良远印务有限公司
装　　订：三河市良远印务有限公司
出版发行：电子工业出版社
　　　　　北京市海淀区万寿路 173 信箱　　邮编：100036
开　　本：880×1230　　1/16　　印张：18　　字数：394 千字
版　　次：2024 年 5 月第 1 版
印　　次：2024 年 6 月第 2 次印刷
定　　价：49.80 元

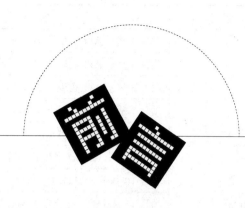

前言

随着互联网、大数据、云计算、物联网、5G通信技术的快速发展，以及以深度学习为代表的人工智能技术的突破，人工智能领域的产业化成熟度越来越高。人工智能正在与各行各业快速融合，助力传统行业转型升级、提质增效，在全球范围内引发了全新的产业发展浪潮。清华大学调研的数据显示，在众多人工智能技术方向中，深度学习技术占据着举足轻重的地位。其中，计算机视觉作为深度学习的核心技术之一，是中国市场规模最大的应用方向，在中国人工智能市场应用中占比为34.9%。近年来，随着人工智能技术加速变革计算机视觉市场应用，深度学习已经广泛应用于城市安防、交通、医疗、金融、电商与实体零售等各个领域，深度学习行业下游商用价值不断拓宽和深化，同时为人类生活提供了更多便利与乐趣。

在技术与应用高速发展的另一面，是日渐突出的"人才荒"问题。《人工智能产业人才发展报告（2019—2020年版）》显示（本报告选取的人工智能的典型技术方向，包括人工智能芯片、机器学习、自然语言处理等），人工智能不同技术方向岗位的人才供需比均低于0.4，说明该技术方向的人才供应严重不足。从细分行业来看，智能语音和计算机视觉的岗位人才供需比分别为0.08、0.09，相关人才极度稀缺。

教育、科技、人才是全面建设社会主义现代化国家的基础性、战略性支撑。为积极贯彻党的二十大精神，广州万维视景科技有限公司联合北京市信息管理学校，以满足企业用人需求为导向，以岗位技能和综合素质培养为核心，组织职业院校的专业带头人和企业工程师共同编写本书。

本书共3篇，由浅入深分为入门篇、基础篇和进阶篇，系统讲解深度学习的相关知识，并利用实践项目进行深度学习技术应用开发。本书参考课时为72课时，如下表所示。

篇　章	项 目 名 称	参 考 学 时
入门篇 走进深度学习	项目1 认识机器学习	2
	项目2 认识深度学习	2
	项目3 认识计算机视觉	2

篇　　章	项 目 名 称	参 考 学 时
基础篇 应用云服务接口	项目 4 基于 API 实现图像去雾	6
	项目 5 基于 API 实现车型识别	6
	项目 6 基于 API 实现车辆检测	6
	项目 7 基于 API 实现行人分割	6
	项目 8 基于 API 实现车牌识别	6
进阶篇 开发计算机视觉模型	项目 9 基于 ResNet 实现服饰分类	9
	项目 10 基于 YOLOv3 实现零售柜商品检测	9
	项目 11 基于 U-Net 实现服饰分割	9
	项目 12 基于 CRNN 的商品图像文字识别	9

本书主要特点如下。

1. 基于"岗课赛证"四位一体的育人模式

本书积极实践"岗课赛证"融通综合育人模式，以《国家职业技术技能标准人工智能工程技术人员》（职业编码 2-02-10-09）中计算机视觉产品实现方向的专业能力要求和相关知识要求为依据，围绕"数据准备→算法选型→模型训练→模型调优→模型评估→模型部署"的实际就业岗位完整工作流程设计课程内容，并覆盖"1+X"计算机视觉应用开发（中级）证书考核标准，对标"2022 广东省大学生计算机设计大赛人工智能挑战赛-智慧零售挑战赛"中的竞赛任务和技能要求，通过"岗课"结合、"课证"融合、"课赛"融通等方式全面促进综合育人，培养高素质技术技能人才。

2. 融入头部企业人工智能技术和真实企业应用案例，深化产教融合

本书以"产学研结合"作为课程开发的基本途径，依托行业头部企业的人工智能技术研究和业务应用，对接产业需求，引入大量的真实企业应用案例，指导学生进行案例复现，发挥企业在教学过程中无可替代的作用，提高教学内容与产业发展的匹配度，深化产教融合。通过本书，读者能够学习如何使用百度 AI 开放平台和阿里云视觉智能开放平台的 API，使用国产化深度学习框架 PaddlePaddle 来训练模型，以实现交通领域的车辆检测、车牌识别及电商领域的服饰分割、商品图像敏感词检测等，从而提高与企业匹配的专业技术能力。

3. 设计项目驱动式教学体例，配套免费实训平台，强化"做中学，做中教"

本书采用项目驱动式教学体例，以真实生产项目、典型工作任务、人工智能案例等为载体组织教学单元。本书将理论知识贯穿在各个项目和学习任务中，通过各种案例将理论教学与实践教学相结合，侧重培养动手能力，体现以学生为中心，教与学并重，"做、学、教"一体化的特点。同时，本书还配套由广州万维视景科技有限公司提供的免费实训平台。

该平台基于算法、算力、数据 3 个维度提供从 0 到 1 的人工智能全流程开发实训体验，并且内置多种开发环境与工具，充分满足读者的实训需求。

4. 探索教材的数字化改造，配套开发新形态融媒体教材

本书积极推动新形态融媒体教材的建设，运用多元技术手段使得纸质教材与数字资源、传统学习形式与在线学习形式充分融合，配套资源丰富、呈现形式灵活、信息技术应用适当，且内容深入浅出、图文并茂，形成了可听、可视、可练、可互动的数字化教材，突出体现新时代融媒体教学特色。

5. 结合社会主义先进文化，促进课程思政，落实育人本质

本书结合我国"正能量"的时事热点及政策普及，落实从"思政课程"到"课程思政"的教育工作，提炼人工智能应用场景中的文化基因和价值范式，并转化为社会主义核心价值观具体化、生动化的有效教学载体，在"润物细无声"的知识学习中融入理想信念层面的精神引导。例如，通过介绍人工智能技术带来的变化，融合讲解开放心态、终身学习理念、提升信息素养等方面的文化内涵；通过介绍人工智能规范，强调从事人工智能领域的职业素养和道德规范要求等，促进自身全方面发展。

本书主要由北京市信息管理学校与广州万维视景科技有限公司联合编写。其中，北京市信息管理学校的贾艳光、广州市轻工职业学校的蔡基锋、广州市旅游商务职业学校的马志明担任主编，广州市交通运输职业学校的谭尚伟、北京市信息管理学校的郭文武、广州万维视景科技有限公司的徐跃飞担任副主编。另外，刘晓彤、李伟昌、冯俊华参与了本书的编写，其中北京市信息管理学校的刘晓彤负责本书的教学验证，广州万维视景科技有限公司的李伟昌、冯俊华负责以企业工程师视角提供企业人工智能案例和优化建议。在本书的编写过程中，编者得到了北京市信息管理学校领导的大力支持，在此表示衷心的感谢。

为了方便教师教学，本书提供了相应的配套资源，有需要的读者可登录华信教育资源网后免费下载。

由于编者水平有限，书中难免存在疏漏，殷切希望广大读者批评指正。

编　者

实训平台使用说明

本书提供配套的免费在线实训平台，读者可通过该平台进行实训。登录实训平台的具体方法如下。

1．访问百度搜索引擎，输入关键词"万维视景"进行搜索。

2．单击搜索结果中的"万维视景"官网链接，进入其主页。

3．在页面顶部的"产品中心"下拉菜单中选择"人工智能交互式在线学习及教学管理系统"选项，单击"立即体验"按钮。

4．使用"邀请码"成功注册账号后即可免费使用实训平台。

您可通过扫描下方二维码来获取邀请码。若遇到问题或需要进一步的帮助，请与电子工业出版社联系，联系方式：010-88254247，liyingjie@phei.com.cn。

扫一扫，获取邀请码

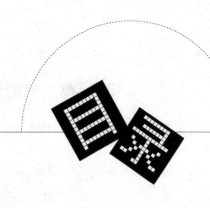

入门篇　走进深度学习

进阶篇　开发计算机视觉模型

入门篇　走进深度学习

人工智能作为目前最为热门的研究领域之一，其目标是让计算机变成"具有人类智能的机器"。机器想要像人类一样，就要具有"听""说""看"等能力，而计算机视觉则模拟了人类"看"的能力。据统计，人类对外界信息有80%以上是通过"看"获得的，由此可见计算机视觉的重要性。计算机视觉作为深度学习的核心技术之一，广泛应用于医疗、安防、交通等领域，其发展与进步将会为人类带来更多的便利和惊喜。

本篇将通过3个项目介绍深度学习的相关基础知识，包括机器学习、深度学习及计算机视觉，为"基础篇　应用云服务接口"奠定基础。

项目 1

认识机器学习

2016 年 3 月 15 日，人工智能围棋程序"阿尔法狗"（AlphaGo）以总比分 4：1 战胜世界级职业棋手，如图 1-1 所示。2017 年，AlphaGo 又以 3：0 战胜世界冠军选手。在这场围棋人机大战中，AlphaGo 的强大不禁让人们感慨，在围棋领域，人类已非机器对手。在这之前，"人工智能"一词对人们来说总是"晦涩难懂"的，而在这场围棋人机大战之后，人们通过各种资讯了解到，人工智能已经渗透到每个人的工作和生活中，其并非离人们的日常生活那么遥远。或者说，人们在不经意间已经享受着人工智能所带来的便利服务。

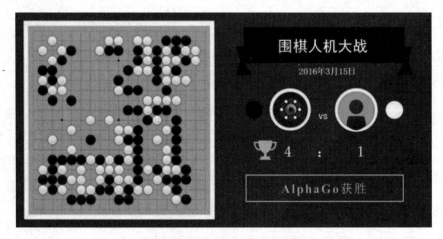

图 1-1　围棋人机大战

机器在强大的算力和大数据的支持下，让我们常常认为只有人类才具有的学习知识和技能的本领，好像机器也能够轻松掌握了。如今，人们正在做的一件事就是让机器能够像人一样学会"学习"，从而将其应用到各个领域来提高生产力、工作效率等。

学习目标

（1）了解机器学习的定义。

（2）了解人工智能、机器学习与深度学习的关系。

（3）熟悉机器学习的学习方式。

（4）熟悉机器学习中的常见任务。

（5）熟悉机器学习的三要素。

（6）能够使用人工智能技术提高工作效率，如快速抠图。

（7）培育"以开放心态拥抱变化"的价值观。

项目描述

本项目要求基于 PPT 和人工智能对图 1-2（a）进行抠图，并将抠图结果进行对比，实现图像的服饰分割抠图，体验人工智能技术给人们工作和生活带来的便利。

（b）PPT抠图结果

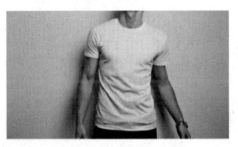

（a）原图

（c）人工智能抠图结果

图 1-2　服饰分割抠图

项目分析

本项目首先介绍机器学习的相关知识，然后借助阿里云视觉智能开放平台的服饰分割能力，实现快速抠图，具体分析如下。

（1）从机器学习的定义、学习方式、常见任务和三要素等角度，了解机器学习。

（2）了解人工智能、机器学习与深度学习的关系。

（3）获取图像，使用 PPT 进行抠图，抠取图像中的服饰。

（4）借助阿里云视觉智能开放平台的服饰分割能力实现抠图。

（5）从效率和效果两个方面对比传统手段和智能手段。

知识准备

图 1-3 所示为认识机器学习的思维导图。

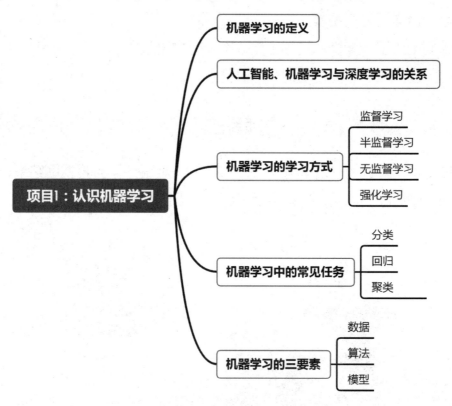

图 1-3　认识机器学习的思维导图

知识点 1　机器学习的定义

　　机器学习（Machine Learning，ML）是指计算机通过对数据、事实或自身经验的自动分析和综合获取知识的过程。机器学习的概念建立在人类学习的概念之上，因此机器学习也是人工智能技术领域中研究人类学习行为的一个分支。

　　机器学习一般通过归纳、一般化、类比等基本方法探索人类的认识规律和学习过程，建立各种能通过经验自动改进的算法，使计算机系统具有自动学习特定知识和技能的能力，是使计算机具有智能的根本途径。

知识点 2　人工智能、机器学习与深度学习的关系

　　近些年，人工智能、机器学习和深度学习的概念十分火热，那么它们的关系到底是怎

样的呢？

人工智能（Artificial Intelligence，AI）是指通过计算机技术实现人类智能行为和智能思维的一种技术手段，其目标是让机器像人类一样思考与行动，能够代替人类去做各种各样的工作。机器学习是实现人工智能的一种重要手段。深度学习（Deep Learning，DL）是机器学习的一种具体实现方式，是一种通过多层神经网络来学习复杂模式和特征的机器学习算法。深度学习的出现，极大地拓展了机器学习的应用范围，同时打破了传统机器学习的瓶颈，让计算机在处理大量数据和复杂任务时具有更强的表现力和泛化能力。

不管是机器学习还是深度学习，都属于人工智能的范畴，所以人工智能、机器学习与深度学习的关系如图 1-4 所示，即人工智能>机器学习>深度学习。

图 1-4 人工智能、机器学习与深度学习的关系

知识点 3 机器学习的学习方式

根据训练方法不同，机器学习可以划分为 4 种学习方式，包括监督学习、半监督学习、无监督学习和强化学习，如图 1-5 所示。

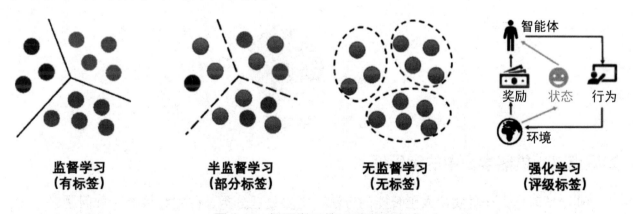

图 1-5 机器学习的 4 种学习方式

1）监督学习

监督学习是机器学习中常见且比较容易使用的方法之一，是指机器使用带标签的数据集进行训练，因此模型可以基于数据集训练进行预测输出。

2）半监督学习

半监督学习是机器学习中的一种学习方式，是监督学习与无监督学习相结合的一种学习方法。半监督学习使用大量的无标签数据和少量的有标签的数据进行机器学习工作。

对半监督学习来说，训练数据的一部分是有标签的，另一部分是无标签的，而无标签数据的总量常常比有标签数据的总量高出许多。半监督学习可以通过一些有标签数据的局部特征，以及更多无标签数据的整体分布，得到良好的分类结果。

3）无监督学习

无监督学习是指模型使用无标签的数据集进行训练，并允许在没有任何外部监督的情况下对数据采取行动。无监督学习常用于处理聚类问题。

4）强化学习

强化学习也是机器学习的方式之一，受到行为心理学的启发，主要关注智能体如何在环境中采取不同的行动，以最大限度地提高累积奖励。

强化学习主要由智能体、环境、状态、动作、奖励组成，如图 1-6 所示。智能体在执行某个动作后，环境将会转换到一个新的状态，并对新的状态环境给出奖励信号。随后，智能体根据新的状态和环境反馈的奖励，按照一定的策略执行新的动作。

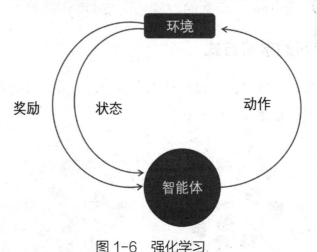

图 1-6　强化学习

知识点 4　机器学习中的常见任务

机器学习作为一种实现人工智能的方法，主要处理分类、回归和聚类 3 种问题。

1）分类

分类是找出一组数据对象的共同特点并按照分类模式将该对象划分为不同的类，其目的是通过分类模型，将数据项映射到某个给定的类别中。分类任务可以应用于水果分类、植物分类、车型分类等。图 1-7 所示为水果分类任务。

图 1-7　水果分类任务

2）回归

回归反映的是数据属性值在时间上的特征，产生一个将数据项映射到一个实值预测变量上的函数，发现变量或属性之间的依赖关系。回归主要研究的问题包括数据序列的趋势特征、数据序列的预测及数据之间的关系等。回归任务可以应用于市场营销的各个方面，如客户寻求方向、预防客户流失活动、产品生命周期分析、销售趋势预测及针对性的促销活动等。在如图 1-8 所示的回归分析中，通过输入一段时间内水果市场的苹果价格数据来预测下个季度苹果的价格。

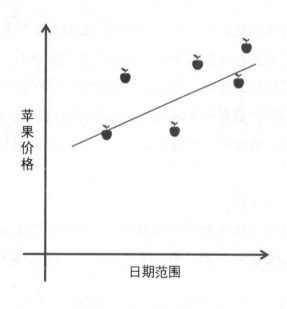

图 1-8　回归分析

3）聚类

聚类是把一组数据按照相似性和差异性分为几个类别，其目的是使属于同一类别中数据之间的相似性尽可能大，不同类别中数据之间的相似性尽可能小。与分类不同，在聚类任务中，一般训练集无须提供类标号，聚类任务可以自行产生这种标号。聚类任务可以应用于新闻主题分类、客户群体分类、客户背景分析、客户购买趋势预测、市场细分等。图 1-9 所示为聚类任务。

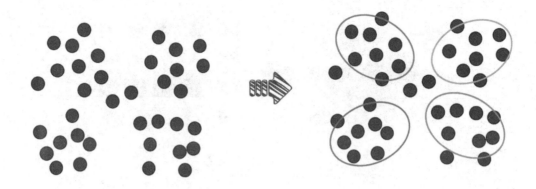

图 1-9   聚类任务

知识点 5   机器学习的三要素

机器学习的三要素是数据、算法和模型。数据是机器学习的基础，模型是对数据进行拟合和预测的工具，算法是实现模型的方法和技术。在机器学习的过程中，这三要素相互作用，不断优化，使得机器能够不断学习和进步。

1）数据

数据集通常由多个样本组成，每个样本由特征和目标值标签组成。特征是描述样本各个维度信息的属性，而目标值标签是用于指示样本所属类别或数值的标识。一个样本可以有多个特征，每个特征可以是数值型、文本型、图像型等不同类型的数据。

数据可以被划分为有标注数据和无标注数据两种。有标注数据是指在数据集中每个样本都有对应的目标值标签，通常用于监督学习任务。无标注数据是指数据集中只有特征，没有目标值标签。

数据集一般划分为以下 3 种。

（1）训练集：它是用于训练模型的样本集合。通过在训练集上进行反复训练和优化，模型可以学习数据之间的模式和规律。类比学生的课本，训练集为学生提供了学习和掌握知识的材料。

（2）验证集：它是用于验证模型性能的样本集合。通过在验证集上评估模型的表现，可以了解模型在未知数据上的预测能力和泛化能力。类比学生的作业，验证集可以检验模型在不同数据上的表现，从而根据情况进行调整和改进。

（3）测试集：它是用于测试最终模型性能的样本集合。测试集通常是保留的独立样本集，用于评估训练好的模型在真实场景中的表现。类比学生的考试，测试集可以考察模型的整体能力，判断模型在实际应用中的效果。

这 3 种数据集的划分比例一般按照如图 1-10 所示的两种方式进行，具体划分可以按照实际业务情况来自定义。

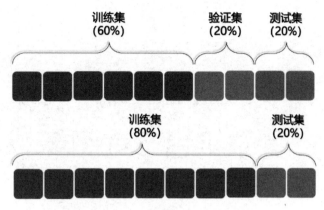

图 1-10 数据集划分比例

2）算法

算法是用于训练模型的工具或方法，是一系列数学和统计方法的集合，用于处理和解决不同类型的机器学习问题。通过适当的算法，可以对输入数据进行学习和优化，以建立一个好的模型。在训练过程中，模型会根据输入数据和相应的标签进行学习和调整，以找到最佳的参数和模式来预测或分类新的数据。因此，算法是训练模型的关键工具，提供了一种系统化的方法来处理机器学习问题。

在机器学习中，主要算法分为分类算法、回归算法、聚类算法 3 种。常见的机器学习算法分为朴素贝叶斯分类、逻辑回归、决策树、随机森林、支持向量机、K 最近邻、K-均值聚类等。

3）模型

什么是模型？模型是指先通过算法对输入数据进行训练和学习，从中提取出数据的模式和规律（这个过程通常涉及参数的调整和优化，以最大程度准确地表示数据之间的关系），然后训练好的模型接受新的输入数据，并根据学到的模式和规律对数据进行预测或分类。

模型的效果或作用是什么？假设 $y=f(x)$ 函数是一个已经训练好的模型，我们把数据（对应其中的 x）输入进去，得到输出结果（对应其中的 y），这个输出结果可能是一个数值（回归）或标签（分类），这就是模型需要达到的效果。

项目实施

本项目将使用 PPT 和人工智能两种方式进行抠图，比较两者的效率。

实训目的： 通过实训体验人工智能为我们生活和工作带来的便利。

实训要求： 以 2 人或 3 人为一个小组，在实训过程中充分讨论，互相学习和验证，最终共同完成实训任务。

目标成果： PPT 抠图结果.jpg、人工智能抠图结果.jpg。

登录平台下载图像

（1）进入广州万维视景科技有限公司平台，选择"产品中心"→"人工智能交互式在线学习及教学管理系统"选项，单击"立即体验"按钮，如图1-11所示。

图1-11 单击"立即体验"按钮

（2）进入平台登录页面后，如图1-12所示。

图1-12 注册账号

（3）登录平台后，在"我的课程"选项卡下找到"深度学习计算机视觉实践"课程，单击该课程，进入课程页面，找到对应的课程任务，单击"开始学习"按钮，如图 1-13 所示。

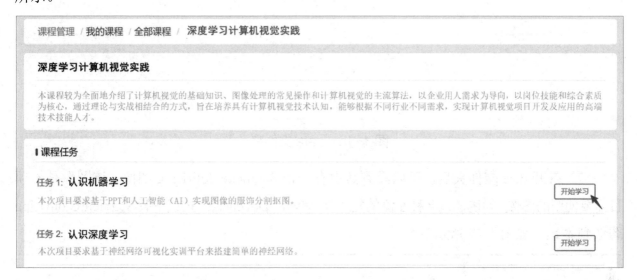

图 1-13　单击"开始学习"按钮

（4）单击"开始实验"按钮（见图 1-14），进入控制台页面。

图 1-14　单击"开始实验"按钮

（5）在控制台页面，单击"人工智能在线实训及算法校验"选项中的"启动"按钮，启动人工智能在线实训及算法校验环境，如图 1-15 所示。

图 1-15　启动人工智能在线实训及算法校验环境

（6）启动人工智能在线实训及算法校验环境后，可以看到其中有一个名为 data 的文件夹（见图 1-16）。该文件夹中存储的是本项目所需处理的相关数据。这里可以单击 data 文件夹，打开该文件夹，查看其中的文件。

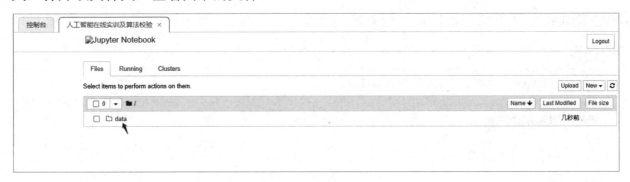

图 1-16　data 文件夹

（7）打开 data 文件夹后，可以看到其中有一张 SegmentCloth1.jpg 图像。该图像是本项目需要使用的图像。勾选图像名称左侧的复选框，单击 "Download" 按钮下载 SegmentCloth1.jpg 图像到本地，如图 1-17 所示。

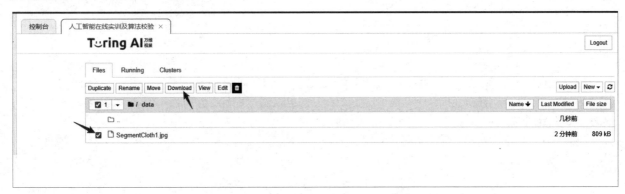

图 1-17　下载 SegmentCloth1.jpg 图像

任务 2

使用 PPT 实现抠图

（1）在计算机中新建一个 PPT，并双击打开，如图 1-18 所示。

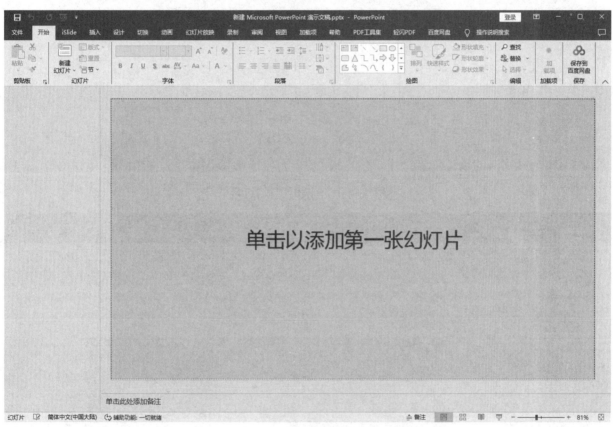

图 1-18　打开的 PPT 界面

（2）在 PPT 界面中单击"新建幻灯片"按钮，创建空白幻灯片，如图 1-19 所示。

（3）选择"插入"选项卡，单击"图片"按钮，在弹出的下拉菜单中选择"此设备"选项，在弹出的对话框中选择 SegmentCloth1.jpg 图像，将此图像插入 PPT，如图 1-20 所示。

（4）单击 SegmentCloth1.jpg 图像，工具栏的右上角会出现"图片格式"选项卡，选择该选项卡准备开始对该图像进行抠图，如图 1-21 所示。

（5）单击"删除背景"按钮，结果如图 1-22 所示。图中的粉色背景部分是要去除的部分，非粉色背景部分是要抠图出来的部分。本项目需要抠图的部分为白色衣服部分，其他背景，如头部、手臂等部分都需要去除。

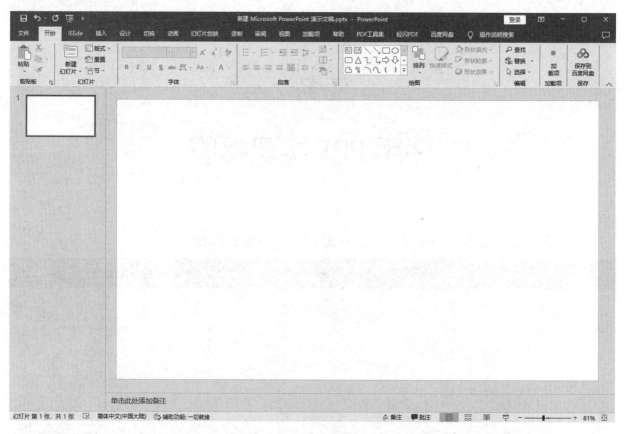

图 1-19　创建空白幻灯片

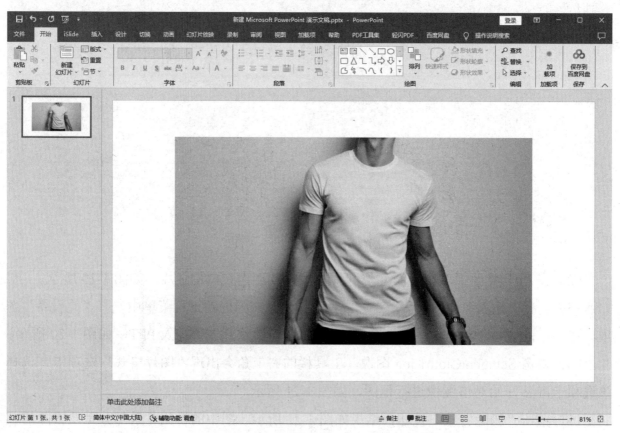

图 1-20　插入 SegmentCloth1.jpg 图像

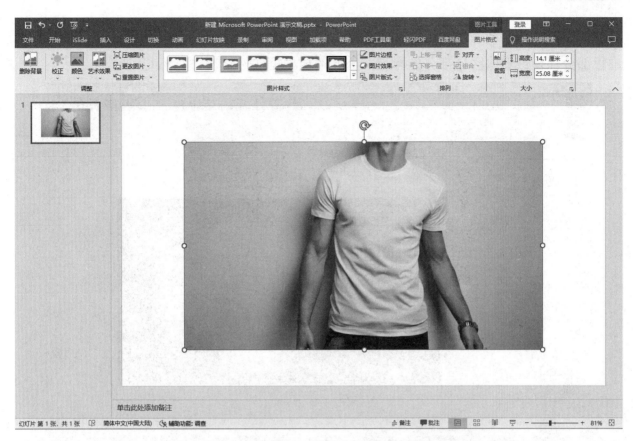

图 1-21　准备进行抠图

图 1-22　去除背景后的图像

（6）要实现将白色衣服部分抠出来，首先要单击"标记要保留的区域"按钮，然后使用鼠标在图像中绘制线条来标记要保留的区域，如图 1-23 所示。在标记过程中，PPT 会自动进行部分保留或删除区域部分的标记，因此需要根据实际情况进行标记。

图 1-23　标记要保留的区域

（7）单击"标记要删除的区域"按钮，并使用鼠标在图像中绘制线条来标记要删除的区域，如图 1-24 所示。

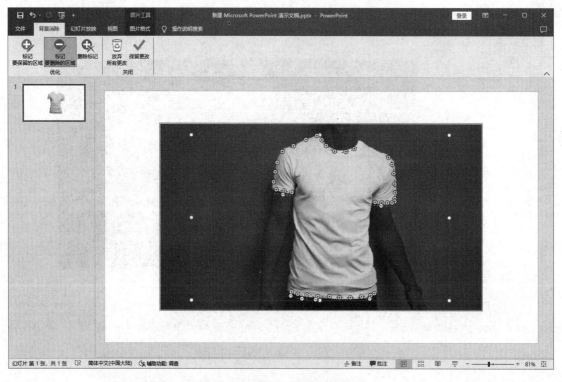

图 1-24　标记要删除的区域

（8）在标记完成后，单击"保留更改"按钮，保存抠图后的图像，如图 1-25 所示。

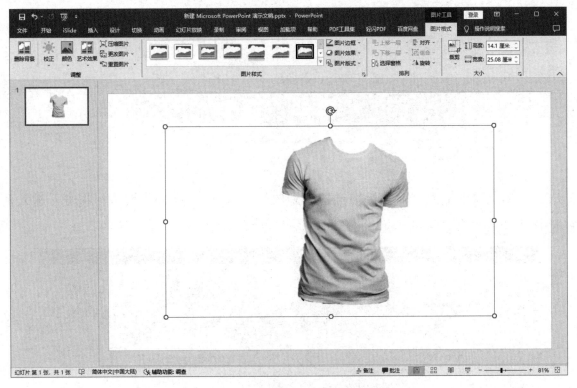

图 1-25   保存抠图后的图像

（9）右击抠图后的图像，在弹出的快捷菜单中选择"另存为图片"选项（见图 1-26），在弹出的对话框中将图像保存到本地。

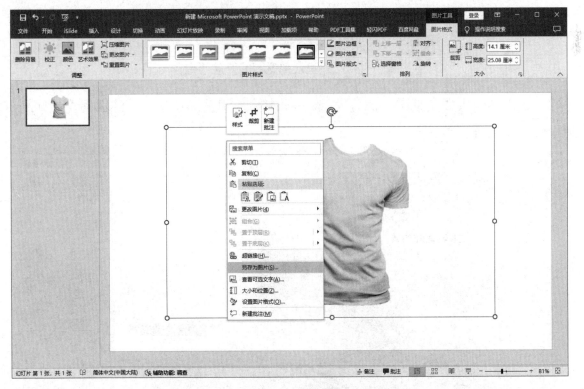

图 1-26   选择"另存为图片"选项

使用人工智能实现抠图

（1）在浏览器中输入"阿里云视觉智能开放平台"，按"Enter"键进行搜索，进入阿里云视觉智能开放平台（见图1-27），单击页面右上角的"登录/注册"按钮。

图 1-27　阿里云视觉智能开放平台

（2）进入注册页面（见图1-28），在该页面中输入相关注册信息，注册阿里云账号并登录阿里云视觉智能开放平台。

图 1-28　注册页面

（3）登录后，在首页的"能力广场"选项卡的"分割抠图"选项中找到服饰分割能力（见图1-29），并单击该能力，进入服饰分割能力的产品体验页面。

图 1-29　服饰分割能力

（4）在服饰分割能力的产品体验页面（见图 1-30）中，可以看到图中橙色线条左边的图像为抠图前的原图，右边的图像为抠图后的结果图。向左或向右拖动橙色线条，可以查看原图或结果图。

图 1-30　服饰分割能力的产品体验页面

（5）单击"上传图片"按钮，在弹出的对话框（见图1-31）中，将本地图像上传至平台（或者在搜索框中输入图像的 URL）实现抠图。

（6）完成服饰分割抠图后的结果如图 1-32 所示，单击"结果下载"按钮，即可将结果下载到本地。下载的结果为压缩包，其中包含分割抠图后的透明背景图像、代码及分割效果对比的 PDF 文件。

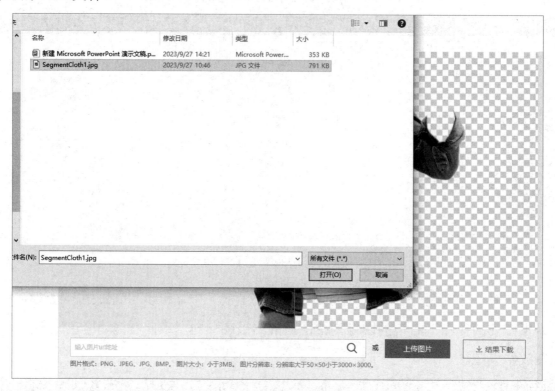

图 1-31　上传本地图像对话框

图 1-32　完成服饰分割抠图后的结果

抠图结果的对比

在使用 PPT 进行抠图时，需要手动选择并绘制保留、删除的区域，并且在手动绘制过程中，难以将抠图的边界准确地绘制出来，不仅步骤比较烦琐、效率低，而且容易导致抠图的边界存在多余或缺失的部分，如图 1-33（a）所示。在使用人工智能进行抠图时，只需先选择对应的人工智能，再上传图像，即可实现抠图，不仅步骤简单，而且抠图效果比较自然，不存在抠图的边界存在多余或缺少的部分，如图 1-33（b）所示。由此可见，人工智能技术的便捷、高效与准确。

（a）PPT 抠图结果　　　　　　　　　　　（b）人工智能抠图结果

图 1-33　抠图结果的对比

拓展学习

建议学生以 2 人或 3 人为一个小组开展拓展学习，在实施过程中充分讨论，互相学习和验证，最终共同完成拓展学习任务。

拓展学习 1：本项目介绍了使用 PPT、人工智能进行抠图，并对比了两者的抠图效率和效果。请查阅资料，了解是否还有其他抠图工具，并填写表 1-1。

表 1-1　其他抠图工具

序号	抠图工具
1	
2	
3	

拓展学习 2：请完成以下任务。

（1）采集 3 张需要抠图的图像。

（2）分别使用不同的软件或人工智能对 3 张图像进行抠图。

（3）对比不同软件或人工智能的抠图结果。

（4）提供上述 3 张图像的抠图效果对比图。

思政课堂

开放心态，拥抱变化

人工智能已经成为全球范围内的热点话题，并逐渐成为国际竞争与合作的焦点。在数字化时代，人工智能技术正在引领巨大的技术变革，改变着我们生活和工作的方方面面，如人工智能抠图、人工智能问答、人工智能绘画等。

随着时代的飞速发展，科技日新月异，人工智能的发展速度越来越快，不仅给人类带来了机遇，还给人类带来了挑战。2023 年初，ChatGPT 上线火爆出圈，人们对人工智能的关注达到前所未有的高度。由此引发了诸多争议和讨论，人类是否有一天将被人工智能取代？人类要如何应对人工智能技术在各领域的推广和应用带来的风险？

人工智能技术作为目前最先进的技术之一，不仅可以提高生产力和效率，改善我们的生活质量，更是新一轮科技革命和产业变革的重要驱动力。在未来，人工智能的发展是必然的趋势，我们应该以开放的心态与饱满的状态，积极拥抱变化，融入社会发展的潮流，思考怎样理解智能，怎样立足社会、发展自己，从而更好地适应人工智能时代的需要。

一、项目目标

在学习完本项目后，将自己对知识的掌握情况填入表 1-2，并对相应项目目标进行难度评估。评估方法：给相应项目目标后的☆涂色，难度系数范围为1～5。

表 1-2　项目目标自测表

项目目标	目标难度评估	是否掌握（自评）
了解机器学习的定义	☆☆☆☆☆	
了解人工智能、机器学习与深度学习的关系	☆☆☆☆☆	
熟悉机器学习的学习方式	☆☆☆☆☆	
熟悉机器学习中的常见任务	☆☆☆☆☆	
熟悉机器学习的三要素	☆☆☆☆☆	
能够使用人工智能技术提高工作效率，如快速抠图	☆☆☆☆☆	
培育"以开放心态拥抱变化"的价值观	☆☆☆☆☆	

二、项目分析

本项目介绍了人工智能、机器学习的相关知识，并使用 PPT 和人工智能进行服饰抠图，体验了人工智能的便利。请结合分析，将项目具体实践步骤（简化）填入图 1-34 中的方框。

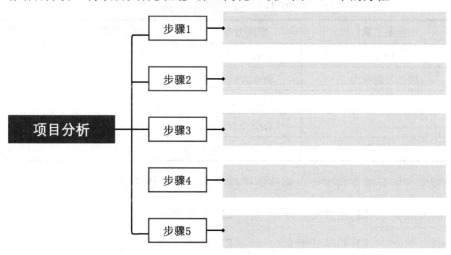

图 1-34　项目分析步骤

三、知识抽测

1. 绘制图表，以表示人工智能、机器学习与深度学习的关系。

2. 将以下内容进行连线，并在横线处填写对应内容，区分机器学习的 4 种学习方式。

无标签的数据   监督学习

由智能体、环境、状态、动作、____组成   _____

部分有标签的数据+部分无标签的数据   半监督学习

有标签的数据   _____

3. 在横线处填写对应内容，区分机器学习的 3 种常见任务。

分类：输出_____。

回归：输出连续的数值，表征变量之间的关系。

聚类：基于无标记的数据，使_____。

4. 数据集一般划分为训练集、验证集和测试集，如何划分这 3 个数据集的比例呢？请在下方对数据集进行划分。

☐☐☐☐☐☐☐☐☐☐

四、实训抽测

1. 补充另外 3 种抠图工具，并从效率、效果或其他维度对比不同的抠图工具，给表 1-3 中的☆涂色，系数范围为 1～5。

表 1-3 对比抠图工具

序号	抠图工具	抠图效率	抠图效果	其他：____
1	PPT	☆☆☆☆☆	☆☆☆☆☆	☆☆☆☆☆
2	服饰分割能力	☆☆☆☆☆	☆☆☆☆☆	☆☆☆☆☆
3		☆☆☆☆☆	☆☆☆☆☆	☆☆☆☆☆
4		☆☆☆☆☆	☆☆☆☆☆	☆☆☆☆☆
5		☆☆☆☆☆	☆☆☆☆☆	☆☆☆☆☆

2. 阿里云视觉智能开放平台中还有哪些抠图能力？请在方框中打钩。

☐ 天空高清分割   ☐ 室外场景分割   ☐ 头像分割

☐ 食品分割   ☐ 商品分割   ☐ 车辆分割

项目 2

认识深度学习

案例导入

2006 年是人工智能发展史上一个重要的分界点，在这一年深度学习神经网络被提出，这使得人工智能的性能获得了突破性进展，深度学习的发展将人工智能带进全新阶段。依靠算法和强大的算力，深度学习取得了令世人瞩目的成就，可以广泛用于图像识别、文字识别、声音识别及大数据分析等领域，并取得了非常好的效果，引发了广泛的关注和全球人工智能产业风潮。在未来，深度学习还将发挥重要作用。

思考：深度学习的"深"体现在哪里？

学习目标

（1）了解生物神经网络及其信号传递的过程。

（2）了解人工神经元及人工神经网络的学习过程。

（3）熟悉卷积神经网络的定义与构成。

（4）熟悉常见的深度学习框架。

（5）能够使用神经网络可视化平台搭建简单神经网络来实现分类任务。

（6）树立"终身学习"的理念。

项目描述

神经网络的理论知识相对较难理解，因此本项目基于神经网络可视化平台来搭建简单的神经网络，并通过添加隐藏层来增加神经网络的复杂性，实现简单的和复杂的二分类问题，从而直观地了解神经网络的相关知识。

在本项目中，首先介绍深度学习的相关知识，然后借助人工智能交互式在线学习及教学管理系统，使用其中的神经网络可视化平台，快速搭建简单的神经网络，实现分类识别，具体分析如下。

（1）通过对比生物神经网络和人工神经网络，了解它们的异同之处。

（2）学习卷积神经网络的层次结构和常见的深度学习框架。

（3）借助神经网络可视化平台快速搭建神经网络，实现分类识别。

（4）对比不同神经网络的处理能力，从而深入理解神经网络的工作原理。

图 2-1 所示为认识深度学习的思维导图。

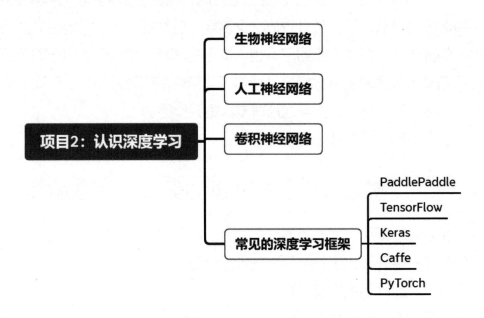

图 2-1　认识深度学习的思维导图

知识点 1　生物神经网络

生物神经元是人脑中相互连接的神经细胞，由细胞体、树突、轴突、突触组成。多个生物神经元以确定的方式和拓扑结构相互连接，构成一个极为庞大且复杂的网络，这就是生物神经网络，也是人脑智慧的物质基础。

生物神经元处理信息的过程：多个信号先到达树突，再被整合到细胞体中，如果积累的信号超过某个阈值，则产生一个输出信号，由轴突进行传递，如图 2-2 所示。生物神经元之间通过突触进行传递，如图 2-3 所示。

　　人类的大脑可以学习识别物体。例如，婴儿多次看到椅子，并听父母说这是椅子，随着时间的推移，他们将学会识别椅子。

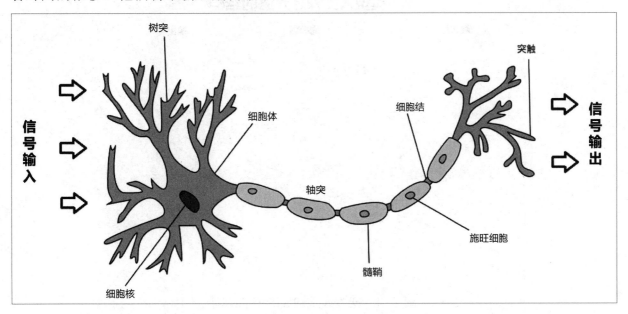

图 2-2　生物神经网络中单个神经元信号的传递 1

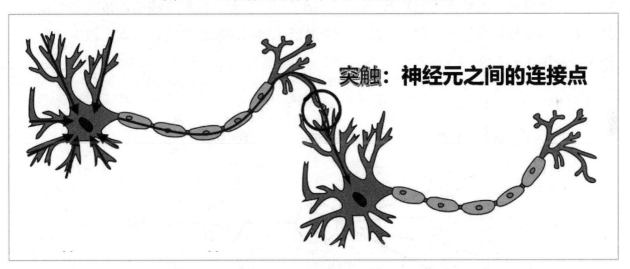

图 2-3　生物神经网络中多个神经元之间的信号传递

知识点 2　人工神经网络

　　人工神经网络模仿哺乳动物大脑皮层的神经系统，但规模远远小于真实哺乳动物大脑皮层的神经系统。人工神经网络由许多简单的处理单元（人工神经元）互连组成，这些处理单元的作用类似于生物神经元，接收输入信息并在处理后向下一层输出信息。

　　人工神经网络由多层人工神经元组成。层与层之间的神经元有连接，而层内之间的神经元没有连接。最左边的层被称为输入层，负责接收输入数据；最右边的层被称为输出层。

我们可以从输出层获取神经网络的输出数据。输入层与输出层之间的层被称为隐藏层。典型人工神经网络的结构如图 2-4 所示。

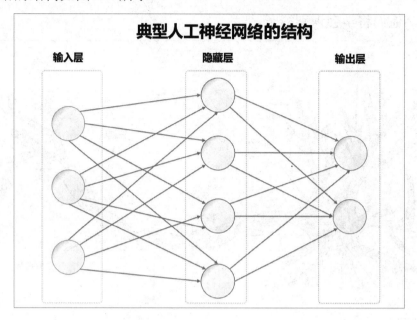

图 2-4　典型人工神经网络的结构

人工神经元（也被称为感知器）是一个基于生物神经元的数学模型，接收多个输入信息，对这些信息进行加权求和后再通过一个激活函数对求和结果进行处理，最终输出一个结果，如图 2-5 所示。

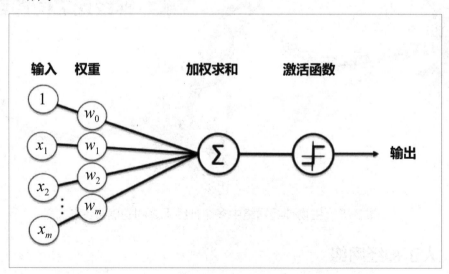

图 2-5　人工神经元（感知器）的学习过程

人工神经元（感知器）中的激活函数起到模拟生物神经元中阈值的作用，当信号强度达到阈值时，输出信号，否则没有输出。从数学的角度来说，激活函数用于加入非线性因素，解决线性模型所不能解决的问题。理论已经证明，两层以上的神经网络可以逼近任意函数。这个理论通常被称为"神经网络的万能逼近定理"。这个定理表明，只要神经网络有足够的隐藏层和神经元，以及合适的权重和偏差，它就能以任意的精度来逼近任何复杂度的函数。这也是深度神经网络在处理复杂问题如图像和语音识别等方面表现出色的原因。

知识点 3　卷积神经网络

卷积神经网络（Convolutional Neural Network，CNN）是一种具有卷积结构的深度神经网络，通过特征提取和分类识别完成对输入数据的判别。其中，C 是 Convolutional（卷积）的意思，NN 是神经网络的意思。

在按照主流的单元进行划分时，卷积神经网络可以分为输入层（Input Layer）、隐藏层（Hidden Layer）和输出层（Output Layer）3 部分。在如图 2-6 所示的卷积神经网络的构成中，我们可以看到，当按照单元进行划分时，隐藏层又包括很多组成单元，如卷积层 1、池化层 1、卷积层 2、池化层 2 和全连接层。实际上，卷积神经网络的层数可以达到几十层甚至上百层，因此卷积层、池化层、全连接层的数量也会超过图 2-6 中所展示的数量。这些单元相互连接、相互配合，可以完成处理数据的任务。

在按照功能进行划分时，卷积神经网络可以分为输入层、特征提取层、特征映射层 3 部分。从功能上来看，输入层主要负责对输入数据进行简单的处理；特征提取层会从输入的数据中学习特征，这种特征是只有机器才能识别出来的；全连接层和输出层都负责特征映射，也就是对特征提取层中学习到的特征进行汇总，共同决定输入数据和对应标签的关系。在学习的过程中，深度学习的模型会记录最终的参数值，在输入标签未知的数据时，我们可以利用学习的参数判断其标签。

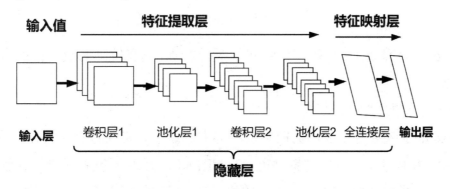

图 2-6　卷积神经网络的构成

知识点 4　常见的深度学习框架

深度学习框架的出现，使各类算法高效研发迭代和大规模应用部署成为可能，奠定了深度学习繁荣发展的基础。目前，常用的深度学习框架主要包括 PaddlePaddle、TensorFlow、Keras、Caffe 和 PyTorch。这些框架各有优劣，应用于计算机视觉、语音识别、自然语言处理与生物信息学等领域，并取得了较好的效果。以下介绍这 5 种常用的深度学习框架。

1）PaddlePaddle

PaddlePaddle（飞桨）以百度多年的深度学习技术研究和业务应用为基础，集核心框架、基础模型库、端到端开发套件和丰富的工具组件于一体，是中国首个自主研发、功能完备、开源开放的产业级深度学习平台。图 2-7 所示为 PaddlePaddle 的功能全景。

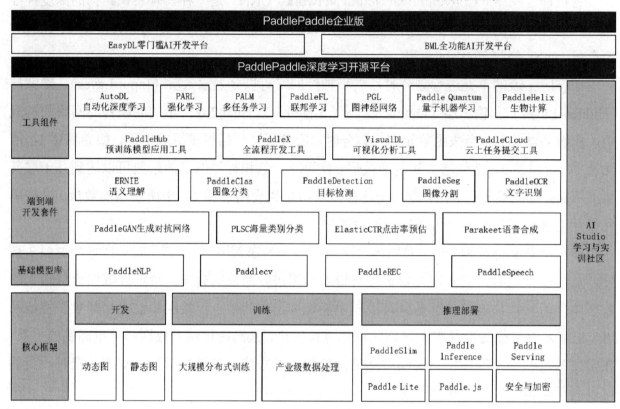

图 2-7　PaddlePaddle 的功能全景

PaddlePaddle 具有易用、高效、灵活、可扩展等特点，具有较高的应用价值。PaddlePaddle 的优点具体如下。

（1）开发便捷的深度学习框架。

PaddlePaddle 拥有易学、易用的前端编程界面和统一、高效的内部核心架构，普通开发者更容易上手，并且具备较高的训练性能。PaddlePaddle 还给开发者提供了代码开发的高层 API，并且高层 API 和基础 API 采用了一体化设计，使它们可以互相配合使用，做到"高低融合"，从而确保开发者可以同时享受开发的便捷性和灵活性。

（2）超大规模深度学习模型训练技术。

PaddlePaddle 突破了超大规模深度学习模型训练技术瓶颈，并解决了超大规模深度学习模型的在线学习和部署难题。

（3）多端多平台部署的高性能推理引擎。

PaddlePaddle 对推理部署提供全方位的支持，可以将模型便捷地部署到云端服务器、移动端及边缘端等不同平台设备上，同时兼容其他开源框架训练的模型。PaddlePaddle 推理引擎支持广泛的人工智能芯片，特别是对国产硬件基本做到了全面适配。

（4）产业级开源模型库。

PaddlePaddle 建设了大规模的官方模型库，算法共达 270 多个，包含经过产业实践长期打磨的主流模型，以及在国际竞赛中夺冠的模型。

2）TensorFlow

TensorFlow 是由谷歌推出的一个端到端开源机器学习平台，拥有一个全面、灵活的生态系统，其中包含各种工具、库和社区资源。TensorFlow 主要用于机器学习的研究，能够使开发者轻松地构建和部署机器学习的应用。

TensorFlow 支持通过多种语言（如 Python、C 语言等）来创建深度学习模型。TensorFlow 可以部署于各类服务器、PC 终端和网页，支持多 GPU 运行，并且代码编译效率较高，能够生成显示网络结构和性能的可视化图。

尽管 TensorFlow 是当前较为流行的深度学习框架并获得了巨大的成功，但是它仍然存在一些缺陷，具体如下。

（1）大量的底层代码。

TensorFlow 的代码比较底层，需要开发者编写大量的代码，并且需要仔细考虑神经网络的结构、正确评估输入和输出数据的维度和容量。这会导致开发者编写代码的效率较低。

（2）频繁变动的接口。

TensorFlow 的接口一直处于快速迭代之中，并且没有很好地考虑向后兼容性。所谓向后兼容性，是指某一版本的接口是否能够在以后的版本中继续使用。这导致现在许多开源代码已经无法在新版的 TensorFlow 上运行，同时间接导致许多基于 TensorFlow 的第三方框架出现错误。

3）Keras

Keras 是基于 Python 的开源人工神经网络库，可以在 TensorFlow 上运行，并且可以用于深度学习模型的设计、调试、评估、应用和可视化。Keras 提供统一简洁的 API，极大地减少用户的工作量，在多数深度学习框架中属于比较容易掌握的。同时，Keras 提供清晰、实用的错误反馈，帮助深度学习初学者正确理解复杂的模型，极大地减少用户操作并使模型易于理解。

Keras 是深度学习开发端用户较为关注的一种工具。在 2018 年的一份测评中，Keras 的普及率仅次于 TensorFlow。不过，Keras 也并非完美，因其封装过度，导致灵活性较差。Keras 提供了一致的接口来屏蔽后端的差异，并且逐层做了封装，但这使得用户难以自定义操作或获取底层数据信息。

4）Caffe

Caffe 是一个以 C++ 为核心的深度学习框架，拥有命令行、Python 和 MATLAB 接口，可以在 CPU 和 GPU 上运行。

Caffe 的优点是简洁快速，凭借易用性、简洁明了的源码、出众的性能和快速的原型设计获得了众多用户的青睐，被广泛应用于计算机视觉研究领域。但是，Caffe 存在灵活性差的缺点，与 Keras 因过度包装而失去灵活性不同，Caffe 缺乏灵活性的原因主要在于模型设计的方式。Caffe 中主要的对象是层，每实现一个新的层，必须定义完整的神经网络前后向传播过程。

5）PyTorch

PyTorch 是由脸书（Meta）推出的一个开源的深度学习框架，是一个以 Python 优先的深度学习框架，不仅能够实现强大的 GPU 加速，还支持动态神经网络，并且拥有先进的自动求导系统，是目前较为受欢迎的动态图框架。

PyTorch 追求封装简单，其简洁的设计使得代码易于理解。PyTorch 的源码大概只有 TensorFlow 的十分之一，这种特性使得 PyTorch 的源码阅读体验更佳。PyTorch 不仅使用灵活，而且在模型设计方面更加快速。

项目实施

本项目将基于人工智能交互式在线学习及教学管理系统介绍神经网络的组成。

实训目的： 通过实训掌握基于实训平台搭建神经网络，并将其应用到分类问题的场景中。

实训要求： 学生以 2 人或 3 人为一个小组，在实训过程中充分讨论、学习和验证，最终共同完成实训任务。

目标成果： 神经网络分类识别结果图.jpg。

任务 1

认识神经网络可视化平台

（1）打开人工智能交互式在线学习及教学管理系统，进入控制台页面，单击"神经网络可视化"选项中的"启动"按钮，进入神经网络可视化平台，如图 2-8 所示。

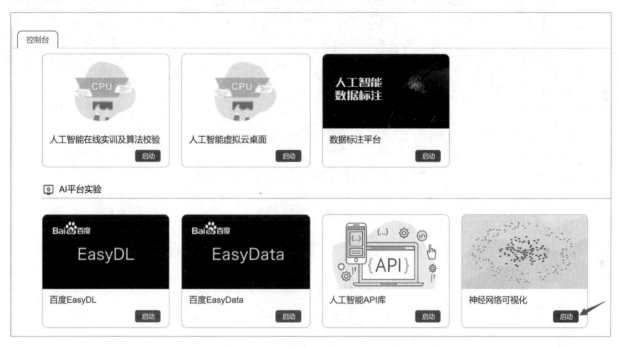

图 2-8　启动神经网络可视化平台

（2）这里介绍一下神经网络可视化平台工作页面（以下简称工作页面）的区域与功能。页面上半部分主要包括控制模型训练、模型参数及任务三大功能。"训练" ▶ 按钮用于开始训练；训练时间按照秒来记录；训练模型的参数主要有 4 个，分别为学习率、激活函数、正则化和正则化率。其中，学习率用于控制模型在学习过程中对新知识的接受程度，较高的学习率可能使模型学习得更快；激活函数用于拟合并解决非线性问题；正则化用于防止模型过拟合；正则化率用于控制正则化的强度。问题类型主要包括分类和回归两个选项，用于设置对数据进行分类或回归任务。神经网络可视化平台工作页面如图 2-9 所示。

（3）工作页面左侧提供了 4 个不同的数据集，从数据集中可以看到其中包含许多二维平面上蓝色或橘色的点，每个点代表一个样例，而点的颜色代表样例的标签。因为点的颜色只有两种，所以这是一个二分类的问题。数据集选择及参数设置如图 2-10 所示。

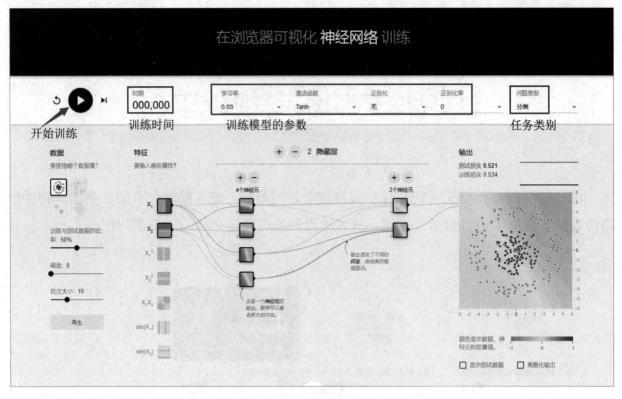

图 2-9　神经网络可视化平台工作页面

图 2-10　数据集选择及参数设置

（4）这些点代表什么意思呢？这里举一个例子来说明这些点代表的实际问题。假设需要判断某工厂生产的零件是否合格，则蓝色的点表示所有合格的零件，而橘色的点表示所有不合格的零件。这样判断一个零件是否合格的问题就变成了区分点的颜色的问题。为了将一个实际问题对应到平面上不同颜色点的划分，需要将实际问题中的实体（如上述例子中的零件）变成平面上的一个点。这就是特征提取解决的问题。还是以零件为例，我们可以使用零件的特征"长度"和"质量"来大致描述一个零件，这样一个物理意义上的零件就可以被转化成"长度"和"质量"这两个数字。在机器学习中，所有用于描述实体的数字的组合就是这个实体的特征向量（Feature Vector）。在神经网络可视化工作页面中，"特征"区域的组合对应特征向量，图 2-11 中的 X_1 可以认为表示一个零件的特征"长度"，而 X_2 可以认为表示零件的特征"质量"。

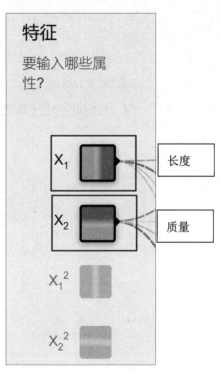

图 2-11　X_1 和 X_2 的含义

（5）工作页面中间显示的是神经网络的主体结构（见图 2-12）。目前主流的神经网络都是分层的结构，第一层是输入层，表示特征向量中每个特征的取值。例如，如果一个零件的长度是 0.5m，则 X_1 的值就是 0.5。同一层的节点不会相连，而且每一层只与下一层相连，直到最后一层作为输出层得到计算的结果。在输入层和输出层之间的神经网络被称为隐藏层，一般一个神经网络的隐藏层越多，这个神经网络越"深"。深度学习中的"深度"与神经网络的层数是密切相关的。工作页面右侧是可视化输出，即神经网络的学习结果。

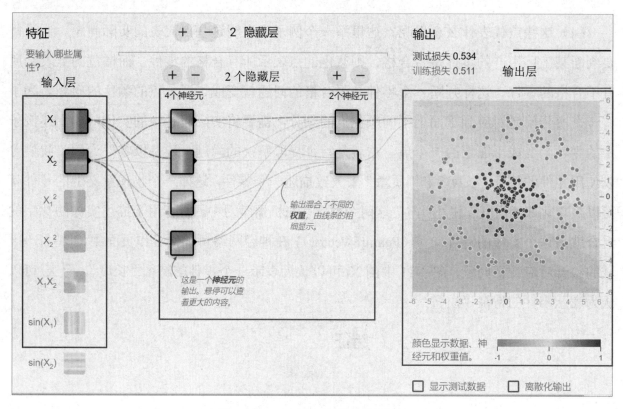

图 2-12　神经网络的主体结构

任务2

执行简单的分类识别

（1）完成神经网络的简单分类。这里先通过单神经元处理简单的二分类问题，直观了解神经网络的运行效果。在工作页面左侧"数据"区域，选择第 3 个数据集，如图 2-13 所示。这是高斯分布数据集，属于相对简单的分类问题。

（2）连续单击两次"隐藏层"左侧的减号，删除神经网络可视化平台默认创建的 2 个隐藏层，这样可以构建一个只有单神经元的分类器，如图 2-14 所示。这个分类器的输入层连着 X_1 和 X_2，输出为分类结果。

图 2-13　选择第 3 个数据集

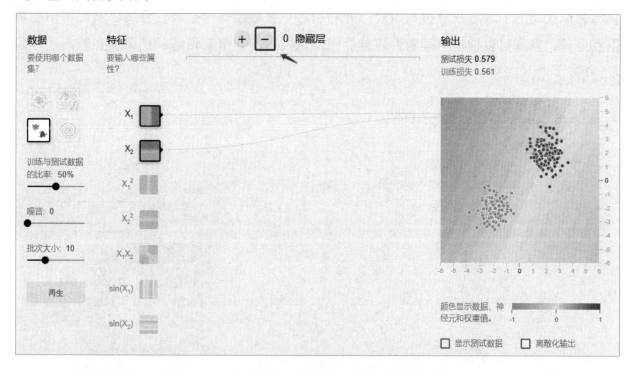

图 2-14　只有单神经元的分类器

（3）在工作页面右侧，我们可以非常直观地看到迭代训练过程中当前的分类情况。在"输出"区域包括测试损失值（见图 2-15）。完整地理解测试损失值的含义比较复杂，这里可以将其简单理解为：测试损失值表示测试集的预测结果与真实结果之间的距离，该值越小，说明分类器的效果越好。

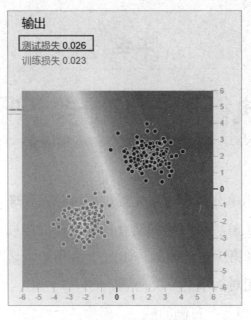

图 2-15　测试损失值

（4）单击工作页面左上角的"训练"按钮（见图 2-16），神经网络可视化平台运行后，我们可以看到蓝色组数据点和橘色组数据点之间的线开始不断地移动。这个移动过程就是算法尝试找到一个最好权重参数组合，并利用这些参数绘制一条最佳直线，从而将两组数据点分开。权重可以被简单理解为该神经元的重要程度。最后训练的结果会在输出层中显示输出。

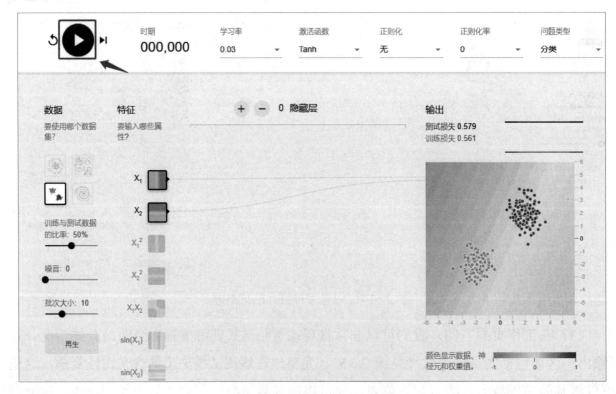

图 2-16　单击"训练"按钮

（5）单击 ⏸ 按钮，结束训练并查看输出层的输出结果，如图 2-17 所示。运行后我们发现神经网络很快就完成了分类，用白色的线将橙色点和蓝色点成功分开。

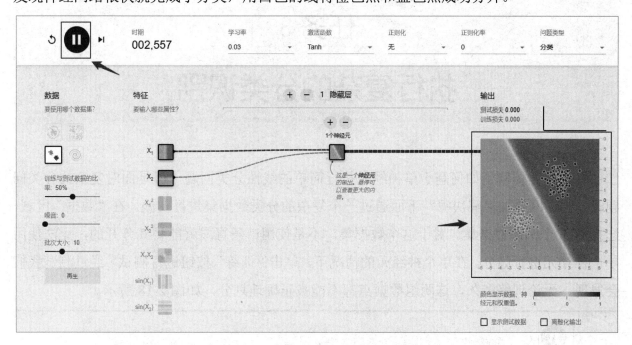

图 2-17　结束训练并查看输出结果

执行复杂的分类识别

（1）前面体验了如何基于单神经元执行简单的线性分类问题，但是面对复杂的分类问题时，神经网络如何解决呢？下面通过一个复杂的分类数据集进行实践。在"数据"区域，选择第 1 个圆圈数据集。对于这个数据集，不是使用一条直线就能将其分开的，无法使用单个神经元进行划分。在单个神经元的情况下，单击"训练"按钮进行测试。经过测试我们会发现，无论训练多久，这两组数据点都不能被正确地划分，如图 2-18 所示。

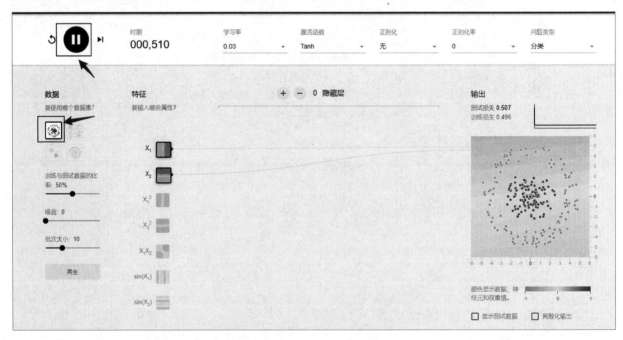

图 2-18　单神经元的分类效果

（2）处理该问题的关键是添加一个隐藏层。单击"隐藏层"左侧的加号，即可在输入层与输出层之间添加一个隐藏层。神经网络的隐藏层是位于输入层与输出层之间，由一层或多层神经元组成的层。隐藏层的作用是对输入数据进行非线性变换和特征提取，以便更好地进行模式识别和学习任务。隐藏层的神经元通过权重和激活函数来计算输出值，并传递给下一层的神经元或输出层。隐藏层的数量和神经元的数量是神经网络结构中的超参数，可以根据具体任务和数据集进行调整。较少的隐藏层和神经元数量可能导致欠拟合，而较多的隐藏层和神经元数量可能导致过拟合。因此，在设计神经网络时，需要根据问题的复杂度和数据集的大小进行合理的选择。添加隐藏层后,单击该隐藏层下方的加号,添加 3 个神经元,如图 2-19 所示。

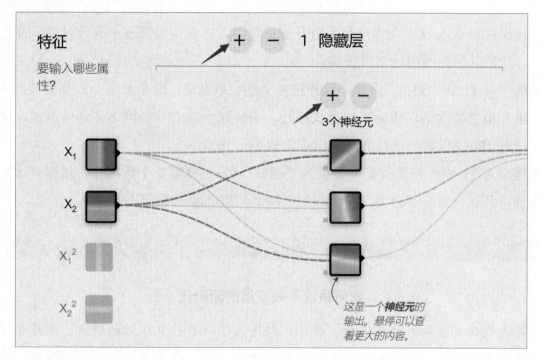

图 2-19 添加神经元

(3)单击"训练"按钮,我们可以看到,在一系列变化后,两组数据点被正确地划分开,如图 2-20 所示。这里可以看到,仅经过 90 次左右的迭代,分类器的测试损失值已经达到 0.055,显示出隐藏层的效果是非常明显的。

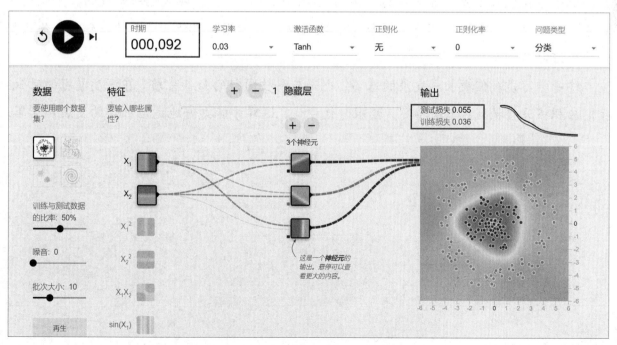

图 2-20 被正确划分的两组数据点

拓展学习

建议学生以 2 人或 3 人为一个小组开展拓展学习，在实施过程中充分讨论，互相学习和验证，最终共同完成拓展学习任务。

拓展学习 1：在"数据"区域，选择第 4 个螺旋数据集。这是最复杂的分类数据集，蓝色数据集和橘色数据集以螺旋状的形式展开。请搭建合适的神经网络并进行测试，使得分类器在经过 100 次以内的迭代后，测试损失值小于 0.03。

拓展学习 2：将"问题类型"设置为"回归"，并选择第 1 个数据集，搭建合适的神经网络并进行测试，对比"分类"和"回归"两类问题的输出有何不同。

思政课堂

如何适应不断发展的新时代

随着时代的发展和科技的进步，我们已经进入了一个信息爆炸的时代，深度学习作为人工智能的重要分支，不仅改变了我们的生活方式，还带来了巨大的机遇和挑战。面对当下不断变化的生活，所有人，特别是青年要怎么做，才能让自己适应并奉献于这个高质量发展的新时代？

我们应该做的就是树立终身学习的理念。终身学习是指社会每个成员为适应社会发展和实现个体发展的需要，贯穿人的一生的，持续的学习过程，即我们所常说的"活到老学到老"或"学无止境"。终身学习启示我们要养成主动学习、不断探索、学以致用和优化知识的良好习惯。

终身学习是我们成长和发展的基石，也是与科技同行的必备素质。在深度学习的时代，我们应积极迎接挑战，不断学习，紧跟时代步伐，这样才能更好地适应社会的发展和变革。

一、项目目标

在学习完本项目后,将自己对知识的掌握情况填入表 2-1,并对相应项目目标进行难度评估。评估方法:给相应项目目标后的☆涂色,难度系数范围为1~5。

表 2-1　项目目标自测表

项目目标	目标难度评估	是否掌握（自评）
了解生物神经网络及其信号传递的过程	☆☆☆☆☆	
了解人工神经元及人工神经网络的学习过程	☆☆☆☆☆	
熟悉卷积神经网络的定义与构成	☆☆☆☆☆	
熟悉常见的深度学习框架	☆☆☆☆☆	
能够使用神经网络可视化平台搭建简单神经网络来实现分类任务	☆☆☆☆☆	
树立"终身学习"的理念	☆☆☆☆☆	

二、项目分析

本项目介绍了深度学习的相关知识,并基于神经网络可视化平台来搭建简单的神经网络,直观地介绍神经网络的相关知识。请结合分析,将项目具体实践步骤（简化）填入图 2-21 中的方框。

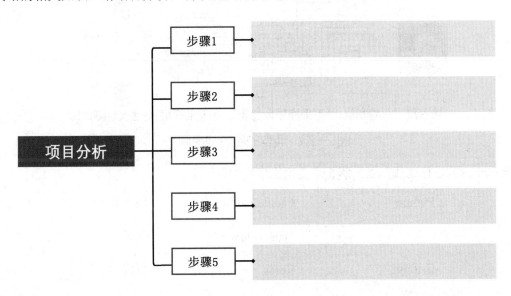

图 2-21　项目分析步骤

三、知识抽测

1. 在图 2-22 的方框中填写"输入"或"输出",补全生物神经元处理信息的过程。
2. 人工神经网络由多层人工神经元组成,请判断以下神经元的连接方式是否正确。

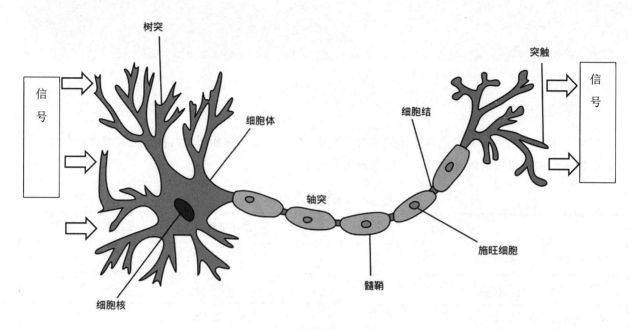

图 2-22　生物神经网络中单个神经元信号的传递 2

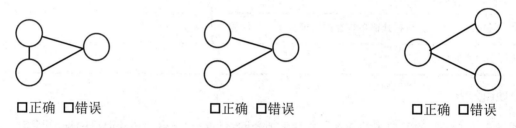

□正确 □错误　　　　□正确 □错误　　　　□正确 □错误

3．在图 2-23 中指出隐藏层，以了解卷积神经网络的组成。

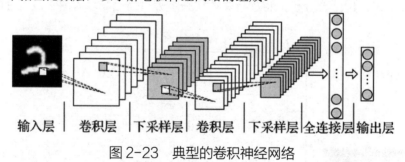

输入层｜卷积层｜下采样层｜卷积层｜下采样层｜全连接层｜输出层

图 2-23　典型的卷积神经网络

4．将以下内容进行连线，以了解 5 个主流的深度学习框架。

Python	PaddlePaddle	阿里云
	TensorFlow	谷歌
C 语言	Keras	百度
	Caffe	脸书
C++	PyTorch	个人工程师

5．列举其他国产深度学习框架。

四、实训抽测

1. 仔细查看图 2-24，并结合所学知识回答以下问题。

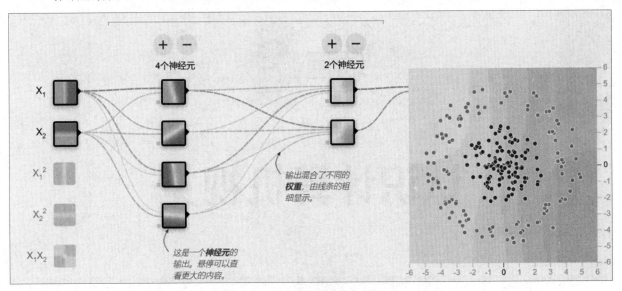

图 2-24　神经网络可视化平台

（1）图 2-24 中的两类点代表什么？

（2）X_1 和 X_2 代表什么？

（3）这解决的是机器学习中的哪类问题？

（4）隐藏层越多越好吗？

（5）请在图 2-24 中分别圈出输入层、隐藏层和输出层的区域。

2. 选择第 4 个螺旋数据集，搭建合适的神经网络并进行测试，当模型经过 100 次迭代时，测试损失值为_____。小组内其他同学的最低测试损失值为_____。你的模型与最低测试损失值的模型有哪些差异？你能得出如何获得最佳模型的结论吗？根据你的结论再次进行多轮验证。

项目 3

认识计算机视觉

案例导入

  我们在生活中经常会遇到一些未知物体，你知道图 3-1 中的物体分别是什么吗？想要知道答案，可以采取两种方法：一是去图书馆查询资料，但是可能需要花费很多时间，因为不知道要查看哪本书，所以可能要找很久才能找到答案；二是询问相关专业人士或老师，但是可能很难快速找到回答问题的专家，而且专家不一定能及时回复问题。那么，人工智能技术可以帮助我们快速识别吗？

图 3-1　未知物体

思考：你了解过身边用于拍照识物的 App 应用或小程序吗？

学习目标

（1）掌握计算机视觉的定义。

（2）掌握计算机视觉的 4 个层次。

（3）掌握计算机视觉中的常见任务。

（4）了解计算机视觉的典型应用。

（5）了解计算机视觉的开发平台。

（6）能够使用端侧设备体验计算机视觉功能。

（7）提升信息素养。

项目描述

本项目要求基于人工智能开发验证单元等端侧设备来体验计算机视觉的应用，包括图像分类、目标检测、图像分割及人体姿态估计，通过具体的实现效果来理解计算机视觉的能力。

项目分析

本项目首先介绍计算机视觉的相关知识，然后基于人工智能开发验证单元来体验计算机视觉的应用，具体分析如下。

（1）掌握计算机视觉的定义，并将其与人类视觉进行对应。

（2）掌握计算机视觉的 4 个层次，了解计算机视觉的整个过程。

（3）掌握计算机视觉中的常见任务，重点熟悉图像分类、目标检测、图像分割及人体姿态估计。

（4）了解本项目所使用的两个开发平台的功能和特点。

（5）借助人工智能开发验证单元体验图像分类、目标检测、图像分割及人体姿态估计功能，了解人工智能开发验证单元的使用方法。

（6）通过人工智能开发验证单元的可视化效果，深入理解计算机视觉的能力。

知识准备

图 3-2 所示为认识计算机视觉的思维导图。

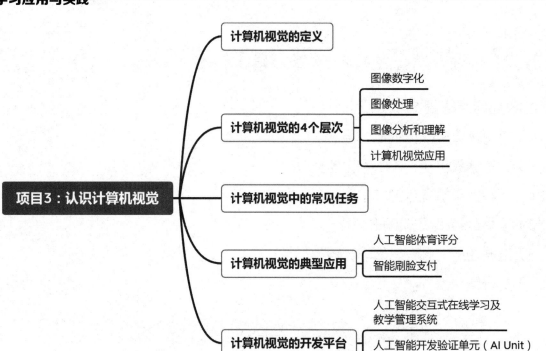

图 3-2　认识计算机视觉的思维导图

知识点 1：计算机视觉的定义

计算机视觉（Computer Vision，CV）是一门研究如何使机器"看"的学科，其最终目标是让计算机能够像人类一样通过视觉来认识和了解世界。更进一步地说，计算机视觉是指用摄像机和计算机来代替人眼对目标进行识别、定位、跟踪和测量的学科。计算机视觉的主要任务是通过对采集的图像或视频进行处理，以获得相应场景的三维信息。

知识点 2：计算机视觉的 4 个层次

在计算机视觉模拟人类"看"的能力的整个过程中，一般可分为以下 4 个层次。这 4 个层次组成了一个完整的视觉处理过程，如图 3-3 所示。

图 3-3　计算机视觉的 4 个层次 1

1）图像数字化

外界存在多种景物，包括静态的景物和动态的景物。这些景物能够被转化成计算机内可以用数字表示的图像，这个转化的过程被称为图像数字化。图像数字化是通过以摄像设备为代表的图像传感器完成的，这种设备可以获取外界图像，一般可以模拟人类眼睛的功能。

图像在经过数字化处理后，其最小单位被称为像素。像素指的是图像中的小方格，这些小方格都有一个明确的位置和被分配的色彩数值，小方格的颜色和位置决定了该图像所呈现出来的样子。如图 3-4 所示，可以将像素视为整个图像中不可分割的单位或元素。不可分割的意思是像素不能再被切割成更小的单位或元素。像素是以一个单一颜色的小方格存在的。例如，一张分辨率为 640 像素×480 像素的图像，表示这张图像是由 640×480=307200 个像素组成的。

图 3-4 像素

2）图像处理

图像处理是指对图像进行分析、加工和处理，以达到所需结果的技术。常用的图像处理包括以下几方面。

（1）图像增强。图像增强是指对质量较低的图像进行去雾、对比度增强、无损放大、拉伸恢复等多种优化处理，重建优质图像，如图 3-5 所示。

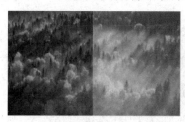 

图像去雾处理　　　　　　　　图像拉伸恢复处理

图 3-5 图像增强示例

（2）图像复原。图像复原是指利用退化过程的先验知识，恢复已被退化图像的本来面目，如图 3-6 所示。图像增强和图像复原都可以改善图像的视觉效果，提高图像的质量。

图3-6　图像复原示例

（3）图像压缩。为了节省图像的传输、处理时间，减少其所占用的存储器容量，可以对图像进行压缩。图像压缩是一种技术，通过较少的比特以有损或无损的方式表示原始像素矩阵，也称为图像编码。

3）图像分析和理解

图像分析和理解是对人类大脑视觉的一种模拟，具体是指从图像中提取高维数据，以便产生由数字或抽象符号表示的语义信息。该过程一般需人工智能参与操作，是计算机视觉的关键技术，涉及图像分析和图像理解两个部分。

图像分析的过程是通过多个步骤，将原来以像素描述的数字化图像最终转换为简单的、非图像的符号描述，如得到图像中目标的类型。应用图像分析技术的计算机视觉方向的任务主要包括图像描述、图像特征提取、图像分类、目标检测等。

4）计算机视觉应用

经过图像数字化、图像处理、图像分析和理解 3 个层次后，最后是在实际生产生活中应用计算机视觉技术。日常使用的人脸支付、智能手机中的相册分类和智能花卉识别小程序等都属于计算机视觉技术在实际生产生活中的应用。

知识点 3：计算机视觉中的常见任务

图像相比文字能够提供更加生动、直观的信息，是人们传递与交换信息的重要来源。计算机视觉的内涵非常丰富，以下简单介绍几项计算机视觉中的常见任务。在后续的项目中，将重点介绍图像分类、目标检测、图像分割及文字识别这 4 项。

- 图像分类：根据图像的语义信息，将不同类别图像进行区分，从而识别某张图像中的内容属于哪个类别。基于该任务可以实现花卉识别、动物识别等。
- 目标检测：不仅可以识别某张图像中是否包含某类物体或目标，还可以检测物体出现在图像中的位置，并给出物体的外界矩形框进行定位。基于该任务可以实现车辆检测、瑕疵检测等。

- 图像分割：把图像分成若干个特定的、具有独特性质的区域，并提出感兴趣目标，即对图像中的目标进行像素级别的识别。基于该任务可以实现人像分割、商品海报分割等。

- 文字识别：在图像背景复杂、分辨率低、字体多样、文字分布随意等情况下，将图像信息转化为文字序列的过程。基于该任务可以实现发票识别、身份证识别等。

- 目标跟踪：利用视频或图像序列的上下文信息，对目标的外观和运动信息进行建模，以预测目标运动状态并标定目标的位置。基于该任务可以实现行人跟踪、车辆跟踪等。

- 图像生成：根据现有图像或文字描述生成新的图像。基于该任务可以实现手写体生成、动漫头像生成等。

- 人体姿态估计：根据图像和视频等输入数据来定位人体部位并建立人体表现形式（如人体骨骼）。基于该任务可以实现老人摔倒防护检测、驾驶员行为检测等。

知识点 4：计算机视觉的典型应用

计算机视觉在实际生产生活中的应用案例非常多，以下简单介绍几个典型应用。

1）人工智能体育评分

2022 年 2 月 4 日，第 24 届冬季奥林匹克运动会（以下简称冬奥）在北京正式开幕。从 2008 年的"同一个世界，同一个梦想"到 2022 年的"一起向未来"，北京再次迎来奥运火种，并成为"双奥之城"。科技让冬奥更精彩，作为科技之星，人工智能在冬奥中展现了卓越能力，如冬奥手语播报数字人、自动驾驶接驳车队、人工智能体育评分等。

运用深度学习技术搭建的人工智能评分系统，扮演着"AI 教练"和"AI 裁判"的角色，不仅可以提高冰上运动的训练水平，还能在比赛中辅助人类裁判进行科学评分。该系统运用在跳台滑雪、U 型场地技巧、速度滑冰等多个冬奥项目中。智能冰上运动训练分析系统结合深度学习算法智能分析，对比运动员肢体摆动幅度、滑行速度等特点，可以提供精准化、可量化的快速反馈和技术诊断，提高科学化训练水平与比赛评分的准确度，如图 3-7 所示。

图 3-7   智能冰上运动训练分析系统

2）智能刷脸支付

为了提升用户对移动支付的体验、改善商户的经营效率，市场推出了智能刷脸支付功能。刷脸支付是基于人工智能、3D 传感、大数据等技术实现的新型支付方式，相较于指纹识别、虹膜识别等其他生物特征识别方式，人脸识别最大的优点在于"非接触性"，可以大大提高系统的响应速度，也可以避免因与机器接触而产生的卫生隐患。

刷脸支付能够为多种线上线下消费场景提供高效、便捷的消费支付体验，应用场景包括商超自助结算大屏、桌面收银机、自动贩卖机等。以校园食堂刷脸就餐场景为例，学生可通过线上系统将人脸信息与餐卡账户进行绑定。充值后，当学生在食堂就餐时，从档口扫描人脸就能轻松完成支付。校园食堂刷脸就餐流程如图 3-8 所示。该系统可以有效提高学生的就餐体验和就餐效率，节约学校的人力与时间成本。

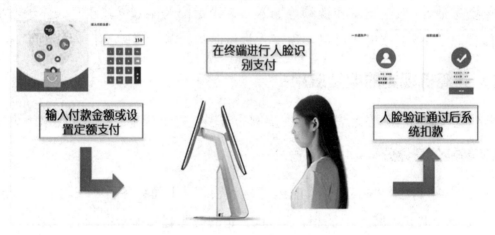

图 3-8　校园食堂刷脸就餐流程

知识点 5：计算机视觉的开发平台

计算机视觉的开发平台提供了强大的深度学习框架和图像处理工具，可以帮助开发人员快速搭建和训练模型、进行图像处理和分析。

1）人工智能交互式在线学习及教学管理系统

Tring AI 人工智能交互式在线学习及教学管理系统支持"岗课赛证"四位一体融合，可满足人工智能教学实训、竞赛考核、1+X 人工智能深度学习工程应用认证、人工智能训练师考核等需求，系统提供一站式教学管理服务，内置教务管理、课程管理、实训管理、考试管理等功能，依托自研的高性能实时算力资源调度系统，通过一个网页浏览器即可实现课堂人工智能教学管理。同时，该系统基于算法、算力、数据三个维度，提供从 0 到 1 的人工智能全流程开发实训体验，包括从数据处理到模型训练及校验到端侧模型部署，完美打通软件系统与边缘计算设备的协同开发路径，并且内置多种产业级开发环境与工具，满足产教融合的教学需求，如图 3-9 所示。

用户接口	学校端用户		教师端用户		学生端用户
从0到1 AI全流程开发应用体系	数据处理	图片标注	模型训练及校验	Jupyter在线编程	端侧模型部署	端侧设备终端连接
		语音标注		云中沙箱仿真编程		端侧设备桌面连接
		文本标注		开放式镜像管理		模型一键部署
		视频标注		异构集群算力调度		端侧算力及传感调用
AI数据基座	行业数据集库		产业项目案例库		通用实训镜像库
AI算法基座	TensorFlow	PyTorch	PaddlePaddle	Keras	Caffe2
AI算力基座	GPU高性能算力服务集群		高容量数据存储服务		高速网络集群

图 3-9　人工智能全流程开发功能框架

2）人工智能开发验证单元（AI Unit）

人工智能开发验证单元如图 3-10 所示，这是 2022 年全国大学生计算机设计大赛人工智能挑战赛"智慧零售"赛项指定竞赛设备。该设备集现场数据采集、训练、推理、验证和二次开发于一体，支持多模态数据处理，融合计算机视觉与智能语音交互两大核心功能。另外，套件预装 Python 开发程序，主流深度学习框架，支持实时设备端推理。设备搭载了英伟达专业人工智能边缘运算芯片与多种传感技术，兼具多种输入输出方式，提供完整易用的模型训练工具及丰富模型实例，可以实现各类人工智能应用的快速开发。

图 3-10　人工智能开发验证单元

项目实施

本项目将基于人工智能开发验证单元进行实施。人工智能开发验证单元中已经提前预置了图像分类、目标检测、图像分割、人体姿态估计等算法模型。

实训目的：通过实训体验图像分类、目标检测、图像分割、人体姿态估计等算法的差异。

实训要求：学生以 2 人或 3 人为一个小组，在实训过程中充分讨论、学习和验证，最终共同完成实训任务。

目标成果：不同功能的人工智能功能结果图.jpg。

任务1
实训环境准备

（1）启动人工智能开发验证单元，双击桌面上的"Terminal"快捷图标（见图 3-11）或按组合键"Ctrl+Alt+T"，打开 Linux 操作系统终端。

图 3-11 双击"Terminal"快捷图标

（2）在运行人工智能功能前，需要在命令行中启动对应的容器环境。首先在桌面打开终端，然后在终端中输入以下命令进入人工智能功能（jetson-inference）文件夹。

```
cd jetson-inference
```

（3）进入 jetson-inference 文件夹后，输入以下命令进入 root 模式，sudo 密码为 tringai。

```
sudo su
```

（4）进入 root 模式后，在终端中输入以下命令进入容器环境。

```
docker/run.sh
```

若终端中出现如图 3-12 所示的运行效果，则表示启动容器环境成功。

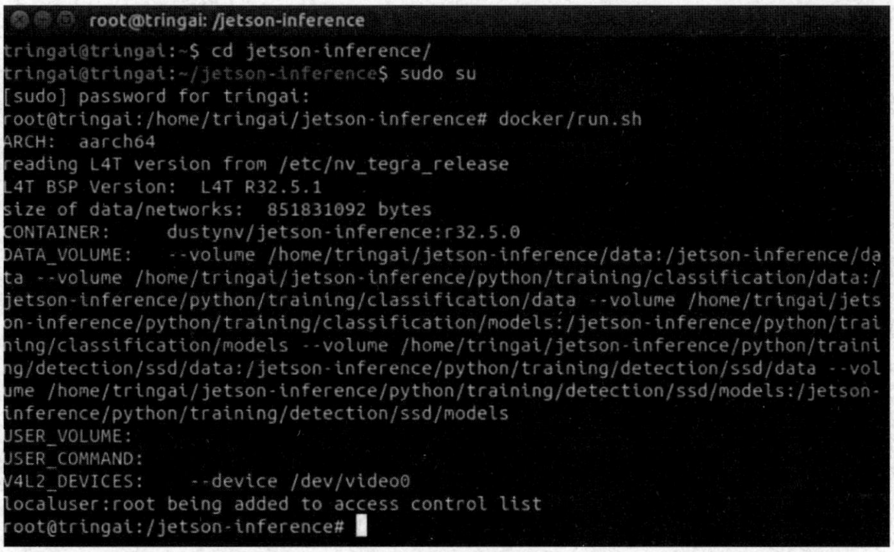

```
root@tringai: /jetson-inference
tringai@tringai:~$ cd jetson-inference/
tringai@tringai:~/jetson-inference$ sudo su
[sudo] password for tringai:
root@tringai:/home/tringai/jetson-inference# docker/run.sh
ARCH:  aarch64
reading L4T version from /etc/nv_tegra_release
L4T BSP Version:  L4T R32.5.1
size of data/networks:  851831092 bytes
CONTAINER:     dustynv/jetson-inference:r32.5.0
DATA_VOLUME:    --volume /home/tringai/jetson-inference/data:/jetson-inference/da
ta --volume /home/tringai/jetson-inference/python/training/classification/data:/
jetson-inference/python/training/classification/data --volume /home/tringai/jets
on-inference/python/training/classification/models:/jetson-inference/python/trai
ning/classification/models --volume /home/tringai/jetson-inference/python/traini
ng/detection/ssd/data:/jetson-inference/python/training/detection/ssd/data --vol
ume /home/tringai/jetson-inference/python/training/detection/ssd/models:/jetson-
inference/python/training/detection/ssd/models
USER_VOLUME:
USER_COMMAND:
V4L2_DEVICES:    --device /dev/video0
localuser:root being added to access control list
root@tringai:/jetson-inference#
```

图 3-12　进入容器环境效果

任务2

体验图像分类人工智能功能

（1）进入容器环境后，输入以下命令切换至计算机视觉案例（bin）文件夹。

```
cd build/aarch64/bin
```

（2）进入 bin 文件夹后，运行 imagenet-camera.py 文件来启动视频图像分类程序，并在命令后面添加相机参数命令/dev/video0 来调用摄像头进行视频图像分类。

```
./imagenet-camera.py /dev/video0
```

运行以上命令后，即可通过摄像头实现实时的视频图像分类，具体效果如图 3-13 所示。

图 3-13　图像分类效果

图 3-13 中左上角的内容为图像分类模型的分类过程和判断结果。其中，"polar bear"表示图像分类模型预测图 3-13 中的目标对象为北极熊；"96.14%"为置信度，表示图像分类模型预测图 3-13 中的目标对象为北极熊的概率为 96.14%。

该程序最多可以识别 1000 种不同类型的对象，因为分类模型是在包含 1000 种分类对象的 ILSVRC ImageNet 数据集上训练的，可区分动物、植物、昆虫、自然风景、生活用品等。1000 种分类对象的名称映射可以在 data/networks 路径下查看 ilsvrc12_synset_words.txt文件。部分可区分类别明细如表 3-1 所示。

表 3-1　部分可区分类别明细

英文名称	中文名称
grey whale	鲸鱼
king penguin	企鹅
daisy	菊花
bee	蜜蜂
valley	谷地
wooden spoon	勺子

（3）程序运行结束后，可以按"Esc"键退出。

任务 3

体验目标检测人工智能功能

（1）进入容器环境后，输入以下命令切换至 bin 文件夹。

```
cd build/aarch64/bin
```

（2）进入 bin 文件夹后，运行 detectnet-camera.py 文件来启动视频图像检测程序，并在命令后面添加相机参数命令/dev/video0 来调用摄像头进行视频图像检测。

```
./detectnet-camera.py /dev/video0
```

运行以上命令后，即可通过摄像头实现实时的视频图像检测，具体效果如图 3-14 所示。

图 3-14　目标检测效果

检测框中左上角的内容表示目标检测模型的检测判断结果。以蓝色检测框为例，"elephant"表示目标检测模型预测图 3-14 中的目标对象为大象，"99.4%"为置信度，表示目标检测模型预测图 3-14 中的目标对象为大象的概率为 99.4%。

（3）程序运行结束后，可以按"Esc"键退出。

体验图像分割人工智能功能

（1）进入容器环境后，输入以下命令切换至 bin 文件夹。

```
cd build/aarch64/bin
```

（2）进入 bin 文件夹后，运行 segnet.py 文件来启动视频图像分割程序，此处指定模型类型为 fcn-resnet18-mhp，并在命令后面添加相机参数命令/dev/video0 来调用摄像头进行视频图像分割。

```
./segnet.py --network=fcn-resnet18-mhp /dev/video0
```

运行以上命令后，即可通过摄像头实现实时的视频图像分割，具体效果如图 3-15 所示。

图 3-15　fcn-resnet18-mhp 模型的图像分割效果

图 3-15 中不同颜色的区域表示分割得到的不同物体。图像分割是指根据灰度、彩色、空间纹理、几何形状等特征把图像划分成若干个互不相交的区域，使在同一区域内的特征表现出一致性或相似性，而在不同区域之间的特征表现出明显的不同。

（3）程序运行结束后，可以按"Esc"键退出。

（4）不同的图像分割人工智能模型，在对目标物体的分类和分割等方面均存在差异。下面更换其他人工智能模型查看不同图像分割人工智能模型的应用效果。使用以下命令查看 fcn-resnet18-sun 模型实现的效果。

```
./segnet.py --network= fcn-resnet18-sun /dev/video0
```

运行以上命令后，即可使用 fcn-resnet18-sun 模型进行图像分割，具体效果如图 3-16 所示。

图 3-16　fcn-resnet18-sun 模型的图像分割效果

（5）程序运行结束后，可以按"Esc"键退出。

（6）使用以下命令查看 fcn-resnet18-deepscene 模型实现的效果。

```
./segnet.py --network=fcn-resnet18-deepscene /dev/video0
```

运行以上命令后，即可使用 fcn-resnet18-deepscene 模型进行图像分割，具体效果如图 3-17 所示。

图 3-17　fcn-resnet18-deepscene 模型的图像分割效果

（7）程序运行结束后，可以按"Esc"键退出。

任务 5
体验人体姿态估计人工智能功能

（1）进入容器环境后，输入以下命令切换至 bin 文件夹。

```
cd build/aarch64/bin
```

（2）进入 bin 文件夹后，运行 posenet.py 文件来启动视频人体姿态估计程序，并在命令后面添加相机参数命令/dev/video0 来调用摄像头进行视频人体姿态估计。

```
./posenet.py /dev/video0
```

运行以上命令后，即可通过摄像头实现实时的视频人体姿态估计，具体效果如图 3-18 所示。

图 3-18　人体姿态估计效果

（3）程序运行结束后，可以按"Esc"键退出。

拓展学习

建议学生以 2 人或 3 人为一个小组开展拓展学习，在实施过程中充分讨论，互相学习和验证，最终共同完成拓展学习任务。

拓展学习 1：用摄像头拍摄多人画面，尝试使用 fcn-resnet18-mhp 模型对多人进行分割。

拓展学习 2：用摄像头拍摄多人画面，并展示复杂的动作，尝试使用人体姿态估计人工智能功能进行识别。

思政课堂

提升信息素养，适应数字化时代

本项目主要体验计算机视觉的人工智能功能，帮助学生了解什么是计算机技术。人工智能和大数据的崛起，将社会带入了数字化时代。在数字化时代，信息素养是终身学习的核心，也是开展自主学习的基本条件，还是一个人学会学习的主要标识。

什么是信息素养？比尔·盖茨曾说，我有一个简单而又强烈的信念，你未来的得失将取决于你聚合、管理和使用信息的能力。显然，这种能力指的就是信息素养。信息素养一般是指合理、合法地利用各种信息工具，特别是多媒体和网络技术工具，确定、获取、评估、应用、整合和创造信息，以实现某种特定目的的能力。信息素养的核心是信息能力，包括识别获取、评价判断、协作交流、加工处理、生成创造信息的能力，即运用信息资源进行问题求解、决策和创新等高阶思维活动的能力。

一、项目目标

在学习完本项目后，将自己对知识的掌握情况填入表 3-2，并对相应项目目标进行难度评估。评估方法：给相应项目目标后的☆涂色，难度系数范围为1～5。

表 3-2　项目目标自测表

项目目标	目标难度评估	是否掌握（自评）
掌握计算机视觉的定义	☆☆☆☆☆	
掌握计算机视觉的 4 个层次	☆☆☆☆☆	
掌握计算机视觉中的常见任务	☆☆☆☆☆	
了解计算机视觉的典型应用	☆☆☆☆☆	
了解计算机视觉的开发平台	☆☆☆☆☆	
能够使用端侧设备体验计算机视觉功能	☆☆☆☆☆	
提升信息素养	☆☆☆☆☆	

二、项目分析

本项目介绍了计算机视觉的相关知识，并基于人工智能开发验证单元体验了计算机视觉的应用。请结合分析，将项目具体实践步骤（简化）填入图 3-19 中的方框。

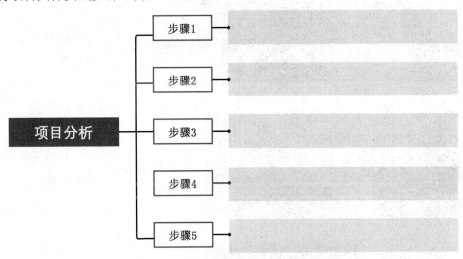

图 3-19　项目分析步骤

三、知识抽测

1. 在计算机视觉模拟人类"看"的能力的整个过程中，一般可分为 4 个层次。请在图 3-20 的空白处中填写缺失的第 1 个和第 3 个层次。

图 3-20　计算机视觉的 4 个层次 2

2. 根据图 3-21 中所标识的图像分辨率计算总像素，并列出计算公式。

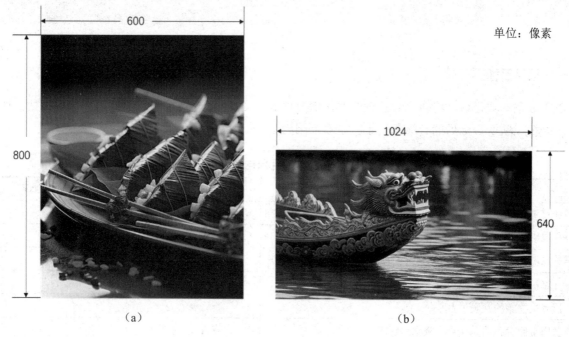

单位：像素

（a）　　　　　　　　　（b）

图 3-21　图像分辨率

图（a）的总像素：_____。

图（b）的总像素：_____。

3. 图像处理包含很多类型，请将以下内容进行连线。

图像复原　　　　减少图像所占用的存储
　　　　　　　　器容量

图像编码　　　　对质量较低的图像进行
　　　　　　　　优化处理

图像增强　　　　恢复已被退化图像的本
　　　　　　　　来面目

4. 请在表 3-3 中填写缺失的内容，以了解计算机视觉中的常见任务及其应用。

表 3-3　计算机视觉中的常见任务及其应用

计算机视觉任务	应用场景举例
图像分类	动物分类、_____等
	钢铁瑕疵识别与定位、工厂违规行为检测等
图像分割	道路场景理解、_____等
	出租车发票识别、_____等
图像生成	_____、_____等
	手写字体创新、_____等
人体姿态估计	体育分析、_____等

5. 在我们的生活中有很多计算机视觉的应用，你有发现过吗？与小组成员一起讨论探索，并分享。

四、实训抽测

1. 仔细观察人工智能开发验证单元，并结合所学知识填写表 3-4。

表 3-4　人工智能开发验证单元的组成

类别	组成
接口	
传感器	
操作系统	
人工智能功能	

2. 使用人工智能开发验证单元进行图像分类，并使用多种不同物体进行体验，测试该设备能够识别哪些物体。测试完成后，将结果填在横线处，并与小组成员讨论分享。

可识别的物体 1：英文为_____，中文为_____。

可识别的物体 2：英文为_____，中文为_____。

可识别的物体 3：英文为_____，中文为_____。

可识别的物体 4：英文为_____，中文为_____。

可识别的物体 5：英文为_____，中文为_____。

3. 在使用人工智能开发验证单元进行目标检测时，会显示对应标签的置信度，如图 3-22 所示。请解释置信度的含义。

图 3-22　目标检测结果

4. 在使用人工智能开发验证单元进行图像分割时，可以识别人像，并使用不同的颜色标识不同区域，如图 3-23 所示。请使用该功能不断进行测试，包括多人、多物体等不同场景，并根据测试结果填写表 3-5。

图 3-23　图像分割结果

表 3-5　图像分割结果

场景类别	识别出的颜色种类	颜色所代表的区域含义
单人		
多人		
单物体		
多物体		

基础篇　应用云服务接口

　　本篇将基于国内人工智能头部企业所开放的视觉能力，围绕交通领域，指导读者实现智能交通应用，如交通监控图像去雾、车型识别、车辆检测、行人分割、车牌识别。本篇基于智能交通案例，贯穿讲解计算机视觉中的基础任务，包括图像处理、图像分类、目标检测、图像分割及文字识别，介绍计算机视觉各基础任务的概念、应用、相关应用接口等，为进阶篇的算法实现奠定基础。

项目 **4**

基于 API 实现图像去雾

案例导入

在一般情况下，户外计算机视觉系统的应用都需要准确获取图像的细节特征，如交通监控系统需要提取车辆型号、车牌号和车身颜色等信息，这就要求系统采集的图像有较高的清晰度。但是，近年来浓雾天气频繁出现，对户外计算机视觉系统的正常使用造成了较大影响，使得系统获取的图像出现对比度降低、色彩失真等情况，严重时甚至会导致图像模糊不清，大大降低了户外计算机视觉系统的使用性能，导致后期工作无法有效进行。例如，在浓雾天气环境下，交通管理部门不能根据交通监控系统准确地获取车辆和道路交通信息等。由此可见，为了提高户外计算机视觉系统对不同天气条件的适应性，使用图像去雾算法对监控图像进行去雾具有重要现实意义。

思考：图像去雾算法除了应用于交通监控系统，还有其他应用场景吗？

学习目标

（1）了解应用程序编程接口（Application Programming Interface，API）的定义和架构。

（2）熟悉 API 的工作方式——REST API。

（3）掌握 API 的类别。

（4）了解视觉类云服务平台。

（5）熟悉图像预处理的定义和内涵。

（6）掌握图像去雾的应用背景和定义。

（7）了解图像去雾算法。

（8）能够调用图像去雾 API 实现图像去雾操作。

（9）培育工匠精神。

项目描述

本项目要求基于上述案例中的场景，使用成熟的图像去雾云服务接口，对图 4-1（a）进行图像去雾操作，从而获得去雾后的图像［见图 4-1（b）］。

（a）原图　　　　　　　　　　　　　（b）去雾后的图像

图 4-1　图像去雾效果

项目分析

本项目首先介绍 API 和图像去雾的相关知识，然后介绍如何调用百度 AI 开放平台中的图像去雾 API 实现图像去雾操作，具体分析如下。

（1）理解 API 的定义、架构、工作方式和类别，为后续调用 API 奠定基础。

（2）了解国内头部人工智能企业所开放的人工智能平台，了解其中的计算机视觉人工智能功能。

（3）学习针对数字图像的图像预处理技术，了解处理的内容和目的，并从中引出重要的图像增强技术——图像去雾。

（4）掌握图像去雾的背景和定义，理解两种图像去雾算法的工作原理。

（5）掌握百度 AI 开放平台图像去雾 API 的使用方法，能够调用 API 实现图像去雾操作。

（6）能够将图像去雾的结果进行可视化，并将其与原图进行对比，直观感受图像去雾的效果。

图 4-2 所示为基于 API 实现图像去雾的思维导图。

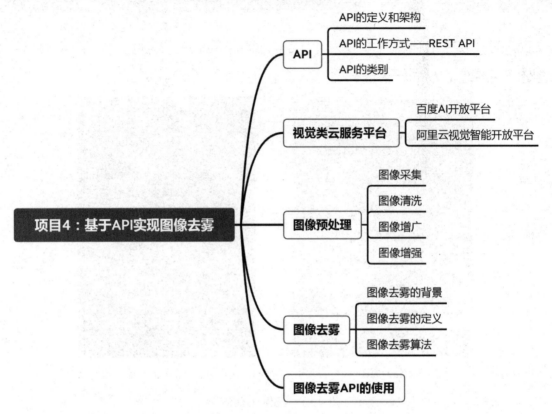

图 4-2　基于 API 实现图像去雾的思维导图

知识点 1：API

1）API 的定义和架构

API 是一种机制，它允许两个软件组件使用一组定义和协议进行相互通信。在 API 环境中，应用程序一词指的是任何具有独特功能的软件。API 可以被看作两个应用程序之间的服务合约。该合约定义了这两个应用程序使用请求和响应进行相互通信的方法。API 文档主要为开发者提供有效使用和集成相应 API 的指南和说明，通常包括 API 的功能描述、请求和响应的数据格式、错误代码及其解释等内容。

API 架构通常从客户端和服务端的角度来解释，如图 4-3 所示。客户端通常指的是使用 API 的应用，如在手机、计算机或其他设备上运行的应用。这些客户端应用可以通过 API 向服务端发送请求，以获取数据或执行特定的操作。服务端是处理 API 请求的一方，通常包含一个或多个服务器，这些服务器上运行着能够处理 API 请求的软件。当服务端接收到来自客户端的 API 请求时，它会处理这个请求，可能会访问数据库或执行其他任务，并返回一个响应给客户端。

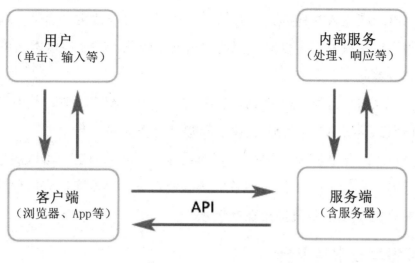

图 4-3 API 的架构 1

举个例子，当我们打开天气预报应用查看明天的天气时，作为客户端的应用会向服务端发送一个 API 请求；服务端会处理这个请求，查询明天的天气预报数据，并把这些数据发送给应用；应用再将这些数据显示出来。

2）API 的工作方式——REST API

API 有 4 种工作方式，包括 SOAP API、RPC API、WebSocket API 和 REST API。本篇均使用成熟的头部企业所公布的公有 API，该 API 属于 REST API。因此，下面重点介绍 REST API。

REST（Representational State Transfer，表现层状态转换）定义了一组函数，如 get()、post()、put()、delete()等，其客户端可以使用这些函数来访问服务器数据。简单地说，get() 函数用于获取资源，post() 函数用于创建资源，put() 函数用于更新资源，delete() 函数用于删除资源。REST API 的主要特点是无状态。无状态指的是服务器不会保存各种请求之间的客户端数据，这意味着每个请求都必须包含所有需要的信息，从而使服务器能够理解和处理这个请求。其中，客户端对服务器的请求类似于用户在浏览器中输入一个 URL 并访问一个网站。在这个过程中，服务器不会记住用户之前访问过的其他页面，只会处理用户当前的请求并返回相应的页面。

3）API 的类别

API 主要可以分为私有 API、公有 API、合作伙伴 API 和复合 API。下面分别介绍这几种 API 的应用场景。

（1）私有 API：也被称为内部 API，这类 API 面向企业或组织内部，仅用于连接企业或组织内的系统和数据。这类 API 不需要与供公众消费的产品一样强大，因此其开发速度通常比较快。

（2）公有 API：这类 API 面向公众开放，任何人都可以使用。通常，这类 API 涉及某种形式的身份验证或授权密钥，以便跟踪使用情况。因此，在使用这类 API 时，可能会存在相关的授权和成本问题。

（3）合作伙伴 API：这类 API 在访问服务方面受到了很多限制，只有获得授权的外部开发人员才能访问。这类 API 有助于企业之间建立合作关系。

（4）复合 API：这类 API 通常融合了两个或多个不同的 API，可以满足复杂的系统要求或处理复杂行为。复合 API 不仅能够节省数据使用量，还能够让应用程序更高效。这是因为复合 API 将 API 调用的数量保持在最低水平。

知识点 2：视觉类云服务平台

1）百度 AI 开放平台

百度 AI 开放平台是目前较为全面且前沿的 AI 技术开放平台，该平台已经开放语音、图像、自然语言处理、视频、增强现实、知识图谱、数据智能七大方向的 AI 能力。百度 AI 开放平台开放超过 100 项技术能力，致力于赋能每个开发者、创业者、产业同行和企业。图 4-4 所示为百度 AI 开放平台中的图像识别 AI 能力。

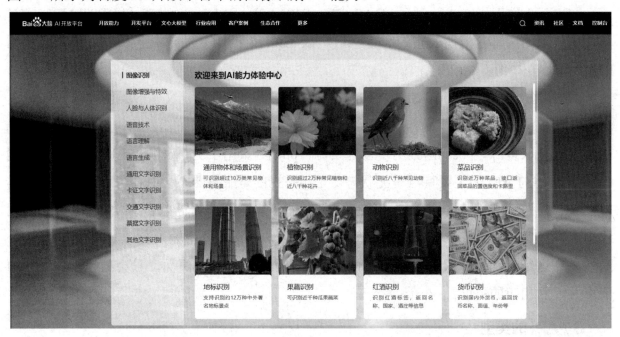

图 4-4　百度 AI 开放平台中的图像识别 AI 能力

2）阿里云视觉智能开放平台

阿里云视觉智能开放平台是基于阿里巴巴视觉智能技术实践经验，面向视觉智能技术企业和开发商（含开发者），为其提供高易用、普惠的视觉 API 服务，帮助企业快速建立视觉智能技术应用能力的综合性视觉 AI 能力平台。阿里云视觉智能开放平台围绕多个视觉领域，如人脸、人体、文字识别、商品理解、内容审核、图像识别、图像生产、分割抠图、图像分析处理、视频理解、视频生产、视觉搜索、视频分割 13 个类目的 API，不断为用户提供多种视觉 AI 能力。阿里云视觉智能开放平台部分 AI 能力如图 4-5 所示。

图 4-5　阿里云视觉智能开放平台部分 AI 能力

知识点 3：图像预处理

图像是指由像素组成的二维或三维数据，每个像素代表图像中的一个点，包含了该点的颜色信息。根据生成和获取方式不同，图像主要可以分为以下几类。

- 数字图像：通过数字设备（如数码相机、扫描仪等）获取的图像，通常以像素矩阵的形式存储在计算机中。在使用计算机对图像进行处理时，处理的就是数字图像。
- 模拟图像：通过非数字方式（如摄影、绘画等）产生的图像，通常需要通过扫描或拍摄等方式转换为数字图像，才能在计算机上进行处理和显示。
- 计算机生成的图像：通过计算机图形学等技术生成的图像，如 3D 建模、动画、特效等。

图像预处理是指对数字图像进行操作和转换，使其更适合某种特定应用的形式，通常包括图像采集、图像清洗、图像增广、图像增强步骤。图像预处理可以消除图像中无关的信息，恢复有用的真实信息，增加数据量等，从而提高特征提取、图像分割、匹配和识别的可靠性。

1）图像采集

图像采集是图像处理的第一步，涉及从各种来源获取的图像数据。这些来源可能包括数字相机、扫描仪、卫星、医疗设备等。图像采集的目标是获取高质量的图像数据，为后续的图像处理和分析提供基础。

2）图像清洗

通常，在对采集到的图像数据进行标注前，需要做一些数据清洗工作。图像清洗主要包括去除已损坏图像、相似图像、模糊图像等。在对图像进行清洗后，可以得到更加有效的图像数据，减少不必要的干扰，从而更好地进行任务分析和处理。

3）图像增广

图像增广是一种通过对原始图像进行各种变换（如旋转、翻转、缩放、剪切、颜色变换等）来创建新的图像，从而扩大图像数据集的方法。图像增广可以提高模型的泛化能力，减少过拟合，提高模型在新的、未见过的图像上的性能。

4）图像增强

图像增强是指通过一系列的图像处理技术和算法，改善图像的质量、增强图像的视觉效果，使图像更加清晰、明亮，对比度更强，细节更丰富等，主要包括图像去噪、图像对比度增强、图像清晰度增强等方法。图像增强的目标是改善图像的视觉效果，使图像比处理前更适合在一个特定的应用中，突出图像的"有用"信息，增强图像中不同物体特征之间的差别，从而为图像信息的识别与提取奠定基础。

知识点4：　图像去雾

1）图像去雾的背景

在浓雾天气环境下采集图像时，通常会导致户外成像系统获得的图像出现较为明显的退化现象，如色彩饱和度低、边缘细节清晰度差、成像模糊等问题，如图4-6所示。这些问题会降低交通管理部门进行科学研究和分析的效率。为了提高图像采集的质量，减轻浓雾天气给户外成像系统带来的严重影响，国内外学者和研究人员对图像去雾处理技术开展了大量的研究。

图4-6　浓雾天气环境下的图像

2）图像去雾的定义

图像去雾是一种图像处理技术，旨在消除图像中因烟雾、尘土等干扰导致的清晰度差、对比度低等问题。通过分析图像中的光照和颜色分布，去雾后可以恢复图像的清晰度和细节，使其更加逼真和易于观察，如图 4-7 所示。

图 4-7　图像去雾前后对比

3）图像去雾算法

根据图像去雾处理方式不同，目前图像去雾算法可分为图像增强去雾算法和图像复原去雾算法两大类。

图像增强去雾算法的原理是在一定灰度范围内，通过调整有雾图像空间灰度值的排布规律，增强图像的整体和局部对比度，达到图像去雾的目的。图像增强去雾算法的代表性算法有直方图均衡化（HE）算法、自适应直方图均衡化（AHE）算法等。图像增强去雾算法的实现方式简单、计算速度快，可以实现实时处理，但是由于没有考虑图像降质模糊的根本因素，容易导致去雾后的图像缺乏真实自然感。

因此，一些学者针对某些应用场景开展了图像复原去雾算法的研究。图像复原去雾算法主要利用光学物理模型寻找图像退化的原因，从而实现图像清晰化的目的，其代表性算法有暗通道去雾算法、快速图像恢复算法等。图像复原去雾算法通常可以得到较好的去雾效果，保留图像的色彩和细节，但是需要大量的计算资源，可能无法做到实时处理。

图 4-8 所示为图像去雾算法的对比。

图 4-8　图像去雾算法的对比

知识点 5：图像去雾 API 的使用

百度 AI 开放平台中的图像去雾 API 是图像增强中的一种 AI 能力，其 API 的请求参数如表 4-1 所示。

表 4-1　图像去雾 API 的请求参数

参数	是否必选	类型	说明
image	与 url 二选一	string	输入的图像
url	与 image 二选一	string	图像的完整 URL

image 参数表示输入的是图像。在将图像输入 API 中时，需要将图像数据转换为 Base64 编码格式的数据。图像在经过 Base64 编码后，数据大小不能超过 10MB，并且图像的最短边至少为 10 像素，最长边不能超过 5000 像素，长宽比要在 4∶1 以内。需要注意的是，图像的 Base64 编码不能包含图像头，如"data:image/jpg;base64"，在使用 API 时，应该去掉"data:image/jpg;"部分信息，仅提供纯粹的 Base64 编码数据。

url 参数表示输入的是图像的 URL。URL 的长度不能超过 1024KB，对应图像在经过 Base64 编码后，数据大小不能超过 10MB，并且图像的最短边至少为 10 像素，最长边不能超过 5000 像素，长宽比要在 4∶1 以内，支持 jpg、png、bmp 格式。当 image 参数存在时，url 参数会失效。

使用图像去雾 API 将图像进行去雾处理后，返回参数的字段及说明如表 4-2 所示。其中，image 参数表示经过去雾处理后的结果图像，它是 Base64 编码格式的图像，通常需要进行解码后才能显示。

表 4-2　图像去雾 API 返回参数的字段及说明

字段	是否必选	类型	说明
log_id	是	uint64	唯一的 log id，用于问题定位
image	否	string	Base64 编码格式的图像

项目实施

本项目针对一张交通监控系统在浓雾天气环境下拍摄的图像进行去雾操作，并展示实训成果。

实训目的：通过实训掌握图像去雾的实现方法，并将其应用到人工智能项目场景中。

实训要求：学生以 2 人或 3 人为一个小组，在实训过程中充分讨论、学习和验证，最终共同完成实训任务。

目标成果：基于 API 实现图像去雾.ipynb、图像去雾结果图.png。

任务 1

获取 API 请求链接

（1）打开人工智能交互式在线学习及教学管理系统，进入控制台页面，单击"人工智能 API 库"选项中的"启动"按钮，启动人工智能 API 库，如图 4-9 所示。

图 4-9 启动人工智能 API 库

（2）启动人工智能 API 库后，在输入框中输入"图像去雾"并搜索，找到对应的 API 后，单击"复制"按钮，即可复制图像去雾 API 请求链接，如图 4-10 所示。保存该请求链接，以便在后续发送请求时使用。

图 4-10 复制图像去雾 API 请求链接

（3）回到控制台页面，单击"人工智能在线实训及算法校验"选项中的"启动"按钮，启动人工智能在线实训及算法校验环境，如图 4-11 所示。

图 4-11　启动人工智能在线实训及算法校验环境

（4）启动人工智能在线实训及算法校验环境后，可以看到其中有一个名为 data 的文件夹（见图 4-12）。该文件夹中存储的是本项目需要处理的相关数据。这里可以单击 data 文件夹，打开该文件夹，查看其中的数据。

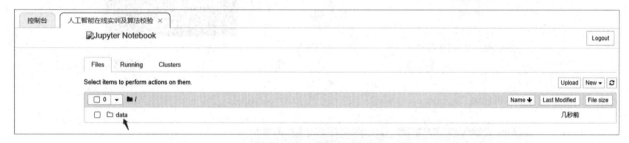

图 4-12　data 文件夹

（5）打开 data 文件夹后，可以看到其中有一张 1.png 图像。该图像是本项目需要处理的对象。

（6）单击浏览器左上角的"←"按钮（见图 4-13），返回上一页面。

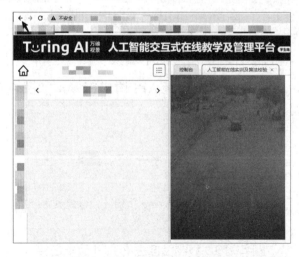

图 4-13　单击"←"按钮

（7）单击图 4-14 中的文件夹按钮，返回初始路径。

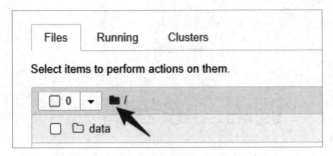

图 4-14　单击文件夹按钮

（8）返回初始路径后，单击页面右侧的"New"下拉按钮，在弹出的下拉列表中选择"Python 3"选项（见图 4-15），创建 Jupyter Notebook。

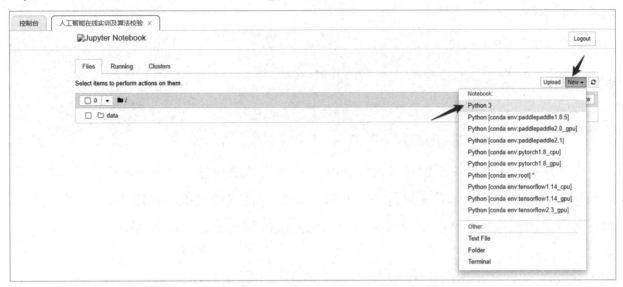

图 4-15　选择"Python 3"选项

（9）创建 Jupyter Notebook 后，即可在代码编辑块中输入代码。如果需要增加代码块，则可以单击功能区的"+"按钮，如图 4-16 所示；如果需要运行代码块，则可以按快捷键"Shift+Enter"。

图 4-16　增加代码块

任务 2

调用图像去雾 API

（1）输入以下代码，导入实施本任务所需的库。其中，requests 库用于发送请求，cv2 库用于对图像进行操作，base64 库用于对图像进行 Base64 编码，并将其转换为 Base64 编码格式的图像。

```
# 导入实施本任务所需的库
import requests                    # 发送请求
import cv2                         # 对图像进行操作
import base64                      # 对图像进行 Base64 编码
import matplotlib.pyplot as plt    # 显示图像
```

（2）根据官方文档，我们可以通过 post 形式发送请求消息。该消息包括请求 URL、请求消息头与请求消息体。首先设置请求 URL，即发送请求的对象。在任务 1 中已经获取了本任务所需的图像去雾 API 请求链接，下面将其赋值到 request_url 变量中。

```
#设置请求 URL
request_url = '输入在任务 1 中复制的图像去雾 API 请求链接'
```

（3）设置请求消息头。根据官方文档，需要将请求消息头设置为 JSON 格式。

```
# 设置请求消息头
headers={
        "Content-Type": "application/json"
        }
```

（4）根据官方文档，请求消息体的参数为 image 或 url，指的是需要处理的图像。这里将请求消息体的参数设置为 image。由于 image 参数要求图像的格式为 Base64 编码格式，并且经过 Base64 编码后，数据大小不能超过 10MB，因此需要通过以下程序将图像格式转换为 Base64 编码格式。

```
# 将图像格式转换为 Base64 编码格式
f = open('./data/1.png', 'rb')        # 以二进制的方式读取待预测图像
img = base64.b64encode(f.read())      # 将图像格式转换为 Base64 编码格式
```

（5）完成格式转换后，将图像作为请求消息体的参数传入。

```
#将图像传入参数
params = {"image":img}
```

（6）完成请求消息体参数设置后，即可发送请求。通过 requests 库中的 post()函数发送 post 请求，其中需要设置 3 个参数，分别为发送请求的 URL、经过 Base64 编码后的图像数据和请求消息头 headers。

```
# 发送 post 请求
response = requests.post(request_url, data=params, headers=headers)
```

（7）查看响应信息。该 API 的返回参数包含两个字段，分别为 log_id 和 image。其中，log_id 字段用于定位问题，image 字段表示 Base64 编码图像。

```
#查看响应信息
print(response)
if response:
    print (response.json())
```

运行上述程序，返回的状态码结果如图 4-17 所示。其中，返回状态码为 200，表示请求成功。

```
<Response [200]>
{'image': 'iVBORw0KGgoAAAANSUhEUgAAAV4AAAHpCAIAAABFhsOAAAAgAElEQVR4AWzBQY9kZ57d518hzp/5vjcjsoqsYpOarnbTIqUeaAQYBgxLgAaehRc2I
AEaQAZGgAfQwksvvNCnNTSySDU5XSSTxcyMrPverHMC15GXnaMSRs/z7N//1f8MAgF5dJJ2QHICpJ3OdloeluSUjaQkrTVA2nGWFh5gkdbkIZHUkrR2wWZZHlq7S
ALkOQmQdtoJyCnaCcjZKdpJS2hakjTdPCyXF3sWzlq7SIBFWZIAn3/22eevX/94n2++/eb5p5+/A/eXln/3TfwJ8/fU3P13/9PzF889fvrx+8500A168eLHf729+//'}
```

图 4-17　返回的状态码结果

结果可视化

（1）由于图像去雾 API 返回的是 Base64 编码图像，难以直观地看到图像去雾的效果，因此需要进行图像可视化操作。首先，通过 base64 库中的 b64decode() 函数对图像进行解码。

```
# 加载结果
data = response.json()
# 提取图像数据
image = data['image']
# 解码图像数据
image_data = base64.b64decode(data['image'])
```

（2）将解码后的图像数据写入一个图像文件，并保存到当前路径下，然后通过 cv2 库中的 imread() 函数读取保存的图像，并通过 cvtColor() 函数将图像格式转换为 RGB 格式，并进行显示。

```
# 将图像数据写入 png 文件
with open('图像去雾结果图.png', 'wb') as f:
    f.write(image_data)
# 读取保存的图像
sourceImg = cv2.imread('图像去雾结果图.png')
# 将图像格式转换为 RGB 格式
srcImage_new = cv2.cvtColor(sourceImg, cv2.COLOR_BGR2RGB)
# 显示图像
plt.imshow(srcImage_new)
plt.show()
```

（3）图像去雾结果如图 4-18 所示。由图 4-18 可知，我们成功地对图像进行了去雾操作，效果良好。

图 4-18　图像去雾结果

拓展学习

建议学生以 2 人或 3 人为一个小组开展拓展学习，在实施过程中充分讨论，互相学习和验证，最终共同完成拓展学习任务。

拓展学习 1：本项目主要介绍了如何对图像进行去雾操作，以提高图像质量。请查阅资料，了解是否还有其他图像处理 API，并填写表 4-3。

表 4-3　其他图像处理 API

序号	API 名称	API 功能描述	API 请求链接
1			
2			
3			

拓展学习 2：请编写程序，完成以下任务。

（1）采集 3 张有雾的交通场景图像，并将有雾程度分为 3 个不同的等级。

（2）编写程序，对采集到的 3 张图像进行去雾处理。

（3）对比不同程度的有雾图像的去雾效果。

（4）提供上述 3 张图像的去雾效果对比图。

思政课堂

追求卓越品质，弘扬精益求精精神

图像增强技术可以不断提高图像的质量和效果，提升图像的清晰度、对比度、色彩等，以达到更好的视觉效果。这种追求卓越图像品质与质量效果，体现了追求卓越、精益求精的工匠精神。

近些年来，从"嫦娥"奔月到"祝融"探火，从"北斗"组网到"奋斗者"深潜，从港珠澳大桥飞架三地到北京大兴国际机场凤凰展翅……这些科技成就、大国重器、超级工程都离不开大国工匠执着专注、精益求精的实干精神，刻印着能工巧匠一丝不苟、追求卓越的身影。精益求精既是工匠精神的深刻内涵，也是我国建设制造强国的基本要求。

工作页

一、项目目标

在学习完本项目后，将自己对知识的掌握情况填入表 4-4，并对相应项目目标进行难度评估。评估方法：给相应项目目标后的☆涂色，难度系数范围为1～5。

表 4-4　项目目标自测表

项目目标	目标难度评估	是否掌握（自评）
了解 API 的定义和架构	☆☆☆☆☆	
熟悉 API 的工作方式——REST API	☆☆☆☆☆	
掌握 API 的类别	☆☆☆☆☆	
了解视觉类云服务平台	☆☆☆☆☆	
熟悉图像预处理的定义和内涵	☆☆☆☆☆	
掌握图像去雾的应用背景和定义	☆☆☆☆☆	
了解图像去雾算法	☆☆☆☆☆	
能够调用图像去雾 API 实现图像去雾操作	☆☆☆☆☆	
培育工匠精神	☆☆☆☆☆	

二、项目分析

本项目介绍了 API 和图像去雾的相关知识，并基于百度 AI 开放平台中的图像去雾 API 实现了图像去雾操作。请结合分析，将项目具体实践步骤（简化）填入图 4-19 中的方框。

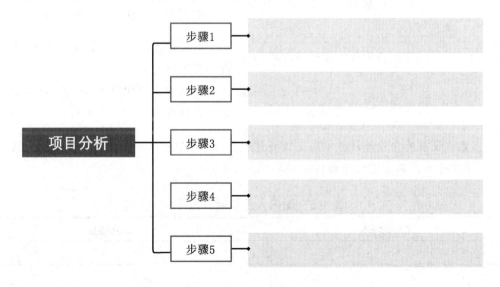

图 4-19　项目分析步骤

三、知识抽测

1. 图 4-20 所示为 API 的架构，请在横线处填写缺失的内容。

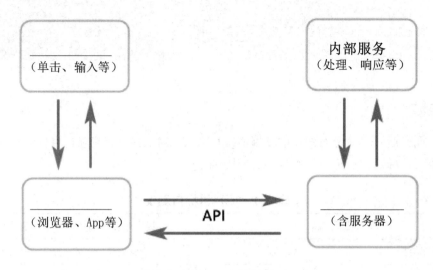

图4-20　API的架构2

2. REST API 是 API 的一种工作方式，其中定义了一组函数，请将函数与功能描述进行连线。

get()　　　　　　　　　　　　更新资源

delete()　　　　　　　　　　 删除资源

post()　　　　　　　　　　　 获取资源

put()　　　　　　　　　　　　创建资源

3. API 有很多类别，它们在应用场景、优缺点方面各有不同，请将对应的内容进行连线。

复合 API　　　　对所有人开放　　　　　　 能够简化处理复杂任务所需的代码，但是可能消耗更多的资源

私有 API　　　　满足复杂的系统要求或处理复杂行为　　　增强业务合作，但是维护成本较高

合作伙伴 API　　特定的合作伙伴或付费客户　　开发速度较快，数据安全性强，但是部分功能需要自行开发

公有 API　　　　仅限组织内部使用　　　　　可以增强 API 的影响力，但是安全性、稳定性有待增强

4. 国内多数人工智能企业都开放了人工智能开放平台，其中包含很多计算机视觉相关的 API 能力，请你收集已开放的平台及对应的访问链接，并填写表4-5。

表4-5　国内人工智能开放平台

序号	平台名称	访问链接
1		
2		
3		
4		
5		
6		

5．根据图像去雾处理方式不同，目前图像去雾算法可分为图像增强去雾算法和图像复原去雾算法两大类。请在横线处把这两类算法的工作原理补充完整。

（1）图像增强去雾算法：通过调整有雾图像空间_____的排布规律，增强图像的整体和局部_____，达到图像去雾的目的。图像增强去雾类算法容易导致_____。

（2）图像复原去雾算法：利用_____寻找图像退化的原因，从而实现图像清晰化的目的，但是这类方法需要_____。

四、实训抽测

1．本项目需要使用 4 个库，请在横线处填写缺失的内容。

```
import _____        # 发送请求
import cv2                # 对图像进行操作
import _____        # 对图像进行编码
import matplotlib.pyplot as plt  # _____
```

2．在发送调用图像去雾 API 请求链接时，包括以下几个步骤，请在◯中对步骤进行排序，将具体步骤与引用函数进行连线，并解释函数的作用。

◯ 设置请求消息头　　　　　　　headers:_____

◯ 发送请求　　　　　　　　　　params:_____

◯ 设置请求 URL　　　　　　　　request_url:_____

◯ 设置请求消息体　　　　　　　response:_____

3．以下哪个是正确的请求成功的返回状态码？

☐<Response [200]>　　☐<Response [201]>　　☐<Response [100]>　　☐<Response [101]>

项目 5

基于 API 实现车型识别

案例导入

在智能交通场景中，车型识别已经成为电子信息技术在交通运输领域的应用热点。它涉及对特定地点和时间段内的车流信息进行采集、识别和分类。举例来说，交通监控系统需要采集车辆型号数据，并对其进行识别和分类，以便将获得的交通流数据作为交通管理、收费、调度、统计的依据。但是，传统的运动车辆检测和人工识别车辆存在诸多缺点，如效率低、准确率不高等，这导致交通管理部门不能准确获取车辆信息或漏掉违规车辆。由此可见，为了提高车型识别的效率和准确率，可以使用车型识别算法对图像中的车型进行识别。

思考：车型识别属于计算机视觉中的哪项任务？

学习目标

（1）掌握图像分类的定义。

（2）掌握图像分类的应用。

（3）理解车型识别 API。

（4）能够调用车型识别 API 实现智能识别。

（5）培育科技强国意识。

项目描述

本项目要求基于上述案例的场景，使用成熟的车型识别云服务 API，对图 5-1（a）进行车型识别操作。图 5-1（b）所示为车型识别结果。

（a）原图　　　　　　　　　　　（b）识别后

图 5-1　车型识别

项目分析

本项目首先介绍图像分类的相关知识，然后介绍如何调用百度 AI 开放平台中的车型识别 API 来实现智能识别，具体分析如下。

（1）掌握图像分类的定义和应用，为后续调用图像分类类型的 API 奠定基础。

（2）学习车型识别 API 的功能、应用场景、应用案例和使用方法。

（3）掌握百度 AI 开放平台车型识别 API 的使用方法，能够调用 API 实现车型识别操作，并根据业务需求输出识别结果。

知识准备

图 5-2 所示为基于 API 实现车型识别的思维导图。

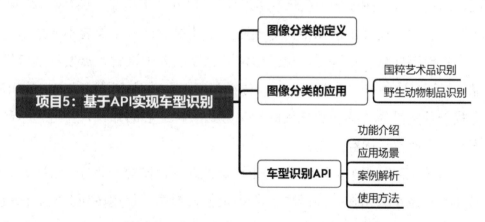

图 5-2　基于 API 实现车型识别的思维导图

知识点 1：图像分类的定义

图像分类指的是根据图像的语义信息，对不同类别图像进行区分，从而识别出图像属于哪个类别。具体来说，图像分类的任务是对输入的图像进行分析，并返回其类别标签。

其中，标签来自预先定义好的候选类别集合。在如图 5-3 所示的树种图像分类中，候选类别集合中包括杉木、紫檀、阔叶、毛竹、麻栎等树种类别标签，当对输入的图像进行分析后，能够自动进行分类，并返回其类别标签为紫檀。图像分类是计算机视觉领域的热门研究方向之一，也是实现其他高层视觉任务的重要基础。

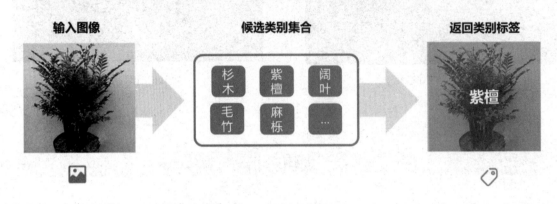

图 5-3　树种图像分类

知识点 2：图像分类的应用

大众对生活、消费、安全与生产效率等方面改善与提高的需求催生了计算机视觉应用的落地。计算机视觉的应用范围非常广泛，渗透到各个行业的应用场景中。其中，智能花卉识别、车型识别等图像分类在实际生产生活中应用非常广泛。以下介绍 2 个图像分类技术的真实产业应用案例。

1）国粹艺术品识别

在我国，国粹艺术往往过于专业化、学术化。例如，《千里江山图》《洛神赋图》《清明上河图》等国粹艺术品在展出活动中，非专业人士往往对艺术创作者不熟悉、对国粹艺术品难以理解。针对该现象，在过去，展馆通常通过专业人士讲解、派发展刊等方式来介绍国粹艺术品。然而，这些方式存在成本高、传播效率低，并且占用展馆空间等问题。因此，展馆需要寻找一种更具体验感和趣味性的交互方式来解读展品知识，拉近艺术品与观展者之间的距离，更好地传递国粹文化。

基于上述需求，某公司自主研发设计 AI 智能识图解读国粹小程序，先将《千里江山图》中的 7 个故事篇章及少量水墨、油画作品，共 451 张图像，使用图像分类算法进行训练，以获得准确率高达 99.3%的国粹作品识别模型，再将该模型集成到小程序中，通过手机镜头对准作品拍照，并上传照片，小程序自动识别作品三个步骤，最终实现"上传图像-智能识图-展示作品信息"功能，如图 5-4 所示。

该公司通过小程序打造了基于人工智能图像识别的观展新模式，通过拍照即可智能识别艺术作品，增加了观展的趣味性，使观展者能够方便地在线了解艺术作品，降低了观展者的学习门槛，进一步加深了他们对国粹艺术品的理解和认识。

图 5-4　AI 智能识图解读国粹小程序示例

2）野生动物制品识别

随着野生动物执法部门对野生动物非法交易等违法活动监管的日益加强，互联网"虚拟"市场和社交媒体成了非法贸易的高发渠道。然而，随着国家相关政策的出台，各网络平台对非法野生动物贸易的信息监管力度不断加大，以物种名称、制品名称及相关变体作为关键词的广告信息受到了监管和限制。因此，很多非法商家开始使用图像或视频作为广告主体，减少文字露出，以此躲避平台的监测。虽然利用人工智能技术对野生动物识别在社会上已经有了实践和应用，但是经过加工后的野生动物制品的形态、颜色、光泽各不相同，并且可供人工智能机器学习的原始数据量相对有限，这些不利因素为系统的研发和准确率的提高带来了很大挑战。

在此背景下，百度联合 IFAW 研发了全球首个利用深度学习技术打击野生动物线上非法贸易的平台——濒危物种 AI 守护官。濒危物种 AI 守护官能够帮助执法部门和相关网络平台更快、更高效地筛选非法贸易线索，助力打击此类违法犯罪活动，如图 5-5 所示。濒危物种 AI 守护官在第一阶段已经实现了针对老虎、大象和穿山甲 3 个物种的相关制品图像的智能识别，并且识别准确率为 75% 左右。

老虎制品　　　　　　　　象牙制品　　　　　　　　穿山甲制品

图 5-5　濒危物种 AI 守护官识别非法野生动物制品图像

知识点 3：车型识别 API

百度 AI 开放平台中的车辆分析能力可以准确识别图像中车辆的相关信息。车辆分析能力包括车型识别、车辆检测、车辆属性识别、车辆外观损伤识别和车辆分析软硬件一体方案 API，如图 5-6 所示。下面主要介绍车型识别 API。

图 5-6　车辆分析能力的 API

1）功能介绍

车型识别 API 的功能可分为识别车辆品牌和型号、返回车型百科词条信息两种。

- 识别车辆品牌和型号：检测图像中主体车辆的位置，识别车辆的品牌和型号（如宝马 X3）、年份、颜色信息，可以识别 3000 款常见车型（以小汽车为主）。
- 返回车型百科词条信息：可以返回对应识别结果的百科词条信息，包含词条名称、页面链接、图像链接、内容描述。

2）应用场景

车型识别 API 的应用场景主要包括拍照识车、智能卡口。

- 拍照识车：能够根据拍摄的照片，快速识别图像中车辆的品牌和型号，提供具有针对性的信息或服务，适用于相册管理、图像分类打标签、提供电子汽车说明书、一键拍照租车等场景。
- 智能卡口：适用于监控高速路闸口、停车场出入口的进出车辆，能够识别车型的详细信息，并结合车牌、车辆属性对车辆身份进行校验，从而形成车辆画像。

3）案例解析

下面以拍照识车应用场景为例，介绍一个具体应用案例。

某汽车网站为全国汽车爱好者与客户提供新车资讯、新车评测、新车导购、经销商报价、专业视频、图像参配、用车知识等多方面的优质内容。该网站提供了全国近 400 个地区的最新汽车行情，每天更新超过 300 条的行情文章，并且车型库中涵盖了 180 多个汽车品牌、25000 多个车型的详细数据及 300 多万张车型图像。许多想要购买车辆的客户或汽车爱好者对汽车报价、汽车资讯等信息有着非常强烈的需求。但是，由于网站的信息量比较大，通过文字进行查找存在一定的检索边界，并且客户无法对不认识的车型进行查找，因此该网站希望增加图像识别的搜索方式，通过对车辆进行拍照识别，提高检索效率，间接提升转化。

为保证车型识别结果的全面性及准确性，该网站使用了百度 AI 开放平台图像识别中的车型识别技术和百度 EasyDL 定制的车型识别接口。当客户上传图像后，该网站能够同时调用车型识别和 EasyDL 定制的车型识别接口，根据车型识别和 EasyDL Top1 分类结果，按照置信度由高到低的顺序展示与图中车辆相关的车型信息，让客户能够根据返回结果了解车辆的详情，如图 5-7 和图 5-8 所示。

通过这项技术，车型识别不仅速度快，而且在汽车高速更新换代的情况下，车型识别的准确率达到了 85%，极大提升了客户的拍照搜车等体验。

图 5-7　客户通过拍照识别车型

图 5-8　车型识别信息前端页面

4）使用方法

百度 AI 开放平台的车型识别 API 目前仅支持单主体识别，若图像中有多台车辆，则识别目标最大的车辆。要想调用车型识别 API，需要设置一些请求参数，如表 5-1 所示。

表 5-1　车型识别 API 请求参数

参数	是否必选	类型	说明
image	与 url 二选一	string	图像数据，采用 Base64 编码格式
url	与 image 二选一	string	图像的完整 URL
top_num	否	uint32	用于设置返回识别结果的数量，top n 表示返回前 n 个识别结果，一般默认返回 top 5，即前 5 个识别结果
baike_num	否	integer	用于设置返回识别结果对应的百科词条信息的数量，若不设置，则表示不返回

image 参数要求图像在经过 Base64 编码后，数据大小不能超过 4MB，并且图像的最短边至少为 50 像素，最长边不能超过 4096 像素，支持 jpg、png、bmp 格式。（注意：图像需要经过 Base64 编码，去掉编码头后才能使用。）

URL 的长度不能超过 1024KB；对应的图像在经过 Base64 编码后，数据大小不能超过 4MB，并且图像的最短边至少为 50 像素，最长边不能超过 4096 像素；支持 jpg、png、bmp 格式。当 image 参数存在时，url 参数会失效。

使用车型识别 API 对包含车辆的图像进行识别后，返回参数的字段及说明如表 5-2 所示。

表 5-2　车型识别 API 返回参数的字段及说明

字段	是否必选	类型	说明
log_id	是	uint64	唯一的 log id，用于问题定位
color_result	是	string	车身颜色。共 11 种颜色，分别为白色、黑色、灰色、香槟色、黄色、红色、绿色、紫色、橙色、棕色、蓝色
result	是	car-result()	车型识别结果数组
+name	是	string	车型名称，如宝马 X6
+score	是	double	置信度，取值为 0～1，如 0.5321
+year	是	string	年份
+baike_info	否	object	对应车型识别结果的百科词条名称
++baike_url	否	string	对应车型识别结果的百科页面链接
++image_url	否	string	对应车型识别结果的百科图像链接
++description	否	string	对应车型识别结果的百科内容
location_result	是	string	车辆在图像中的位置信息
+width	是	float	车辆区域的宽度
+height	是	float	车辆区域的高度
+left	是	float	车辆区域与左边界的距离
+top	是	float	车辆区域与上边界的距离

项目实施

本项目将针对一张交通监控系统拍摄的图像进行车型识别，并展示实训成果。

实训目的： 通过实训掌握车型识别的实现方法，并将其应用到人工智能项目场景中。

实训要求： 学生以 2 人或 3 人为一个小组，在实训过程中充分讨论、学习和验证，最终共同完成实训任务。

目标成果： 基于 API 实现车型识别.ipynb、车型识别结果图.png。

获取车型识别 API 请求链接

（1）打开人工智能交互式在线学习及教学管理系统，进入控制台页面，单击"人工智能 API 库"选项中的"启动"按钮，启动人工智能 API 库，如图 5-9 所示。

图 5-9　启动人工智能 API 库

（2）启动人工智能 API 库后，在输入框中输入"车型识别"并搜索，找到对应的 API 后，单击"复制"按钮，即可复制车型识别 API 请求链接。保存复制的车型识别 API 请求链接，以便后续在发送请求时使用，如图 5-10 所示。

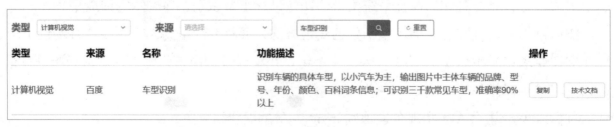

图 5-10　复制车型识别 API

（3）返回控制台页面，单击"人工智能在线实训及算法校验"选项中的"启动"按钮，启动人工智能在线实训及算法校验环境，如图 5-11 所示。

图 5-11　启动人工智能在线实训及算法校验环境

（4）启动人工智能在线实训及算法校验环境后，可以看到其中有一个名为 data 的文件夹（见图 5-12）。该文件夹中存储的是本项目需要处理的相关数据。这里可以单击 data 文件夹，打开该文件夹，查看其中的文件。

图 5-12　data 文件夹

（5）打开 data 文件夹后，可以看到其中有一张 test.png 图像。该图像是本项目需要使用的图像，如图 5-13 所示。

图 5-13　test.png 图像

（6）单击浏览器左上角的"←"按钮（见图 5-14），返回上一页面。

图 5-14　单击"←"按钮

（7）单击图 5-15 中的文件夹按钮，返回初始路径。

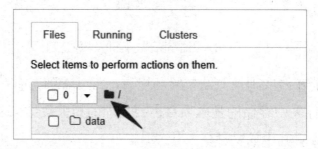

图 5-15　单击文件夹按钮

（8）返回初始路径后，单击页面右侧的"New"下拉按钮，在弹出的下拉列表中选择"Python 3"选项（见图 5-16），创建 Jupyter Notebook。

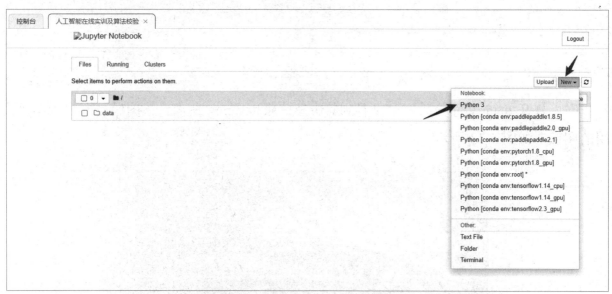

图 5-16　选择"Python 3"选项

（9）创建 Jupyter Notebook 后，即可在代码编辑块中输入代码。如果需要增加代码块，则可以单击功能区的"＋"按钮，如图 5-17 所示；如果需要运行代码块，则可以按快捷键"Shift+Enter"。

图 5-17　增加代码块

任务2

调用车型识别 API

下面开始编辑程序，调用车型识别 API，实现车型识别。

（1）导入实施本任务所需的库，并输入以下代码。

```
#导入 requests 库，用于向服务器发送 HTTP 请求
import requests
#导入 json 库，用于处理 JSON 格式的数据
import json
#导入 base64 库，用于对 Base64 编码格式的数据进行编码和解码
import base64
#导入 cv2 库，用于对图像进行操作，如读取、写入和处理图像
import cv2
#从 matplotlib 库中导入 pyplot 模块，用于显示图像和创建图表
import matplotlib.pyplot as plt
#加载字体文件
import matplotlib.font_manager as fm
```

（2）使用 cv2 库读取 data 文件夹下的 test.png 图像，并通过 cvtColor() 函数将 BGR 格式的图像转换为 RGB 格式的图像后进行显示，查看需要进行车型识别的图像。

```
#读取图像，并将该图像的格式转换为 RGB 格式
sourceImg = cv2.imread('./data/test.png')
#将 BGR 格式的图像转换为 RGB 格式的图像
srcImage_new = cv2.cvtColor(sourceImg, cv2.COLOR_BGR2RGB)
#显示图像
plt.imshow(srcImage_new)
plt.show()
```

运行上述程序，输出结果如图 5-18 所示。由于使用 cv2 库读取的图像是 BGR 格式的，因此需要将 BGR 格式转换为 RGB 格式。

图 5-18　程序输出结果

（3）根据官方文档，我们可以通过 post 形式发送请求消息。该消息包括请求 URL、请求消息头与请求消息体 3 种。首先设置请求 URL，即发送请求的对象。在任务 1 中已经获取了本任务所需的车型识别 API 请求链接，下面将其赋值到 request_url 变量中。

```
#设置请求 URL
request_url =  '输入在任务 1 中复制的车型识别 API 请求链接'
```

（4）设置请求消息头。根据官方文档，当请求消息头为 x-www-form-urlencoded 格式时，需要通过 urlencode 格式化请求消息体。因为下面代码中使用的是 JSON 格式的请求消息头，所以可以直接传入 JSON 格式的数据。

```
# 设置请求消息头
headers = {
        'Content-Type': 'application/json'}
```

（5）根据官方文档，请求消息体的参数为 image 或 url，指的是需要处理的图像。这里将请求消息体的参数设置为 image。由于 image 参数要求图像的格式为 Base64 编码格式，并且经过 Base64 编码后，数据大小不能超过 4MB，因此需要通过以下程序将图像格式转换为 Base64 编码格式。

```
#将图像格式转换为 Base64 编码格式
f = open('./data/test.png', 'rb')      # 以二进制的方式读取待预测图像
img = base64.b64encode(f.read())       # 将图像格式转换为 Base64 编码格式
```

（6）完成格式转换后，将图像传入请求消息体所需参数 image，作为基于 API 服务进行车型识别的图像；将 top_num 参数设置为 5（可自行设置。当 top_num 参数为 5 时，可以返回识别度最高的前 5 个车型信息），baike_num 参数设置为 5（可自行设置。当 baike_num 参数为 5 时，可以返回车型识别的前 5 条百科词条信息）。完成请求消息体参数设置后，即

可发送 post 请求，并输出响应信息。

```
# 设置请求消息体请求参数，包括需要识别的图像信息等
params = {"image":img,"top_num":5,"baike_num":5}
#发送 post 请求
response = requests.post(request_url, data=params, headers=headers)
#查看响应信息
print(response)
```

输出的响应信息如下。当返回的状态码为 200 时，表示请求成功，并且服务器成功处理了请求。

```
<Response [200]>
```

（7）查看响应信息。该 API 的返回参数包含 4 个字段，分别为 location_result、color_result、result 和 log_id。其中，location_result 字段表示车辆在图像中的位置信息；color_result 字段表示车辆颜色；result 字段表示车型识别结果（输出车辆的品牌和型号、颜色、年份信息）；log_id 字段表示唯一的 log id，用于问题定位。

```
#查看响应信息
if response:
    print (response.json())
    result = response.json()
```

运行上述程序，输出结果如下。

```
{'location_result': {'top': 228, 'left': 215, 'width': 908, 'height':
427}, 'color_result': '蓝色', 'result': [{'year': '2019', 'name': '红旗H5',
'score': 0.9085559249, 'baike_info': {}}, {'year': '2019', 'name': '红旗
HS5', 'score': 0.0010356938, 'baike_info': {}}, {'year': '2021', 'name': '
红旗 HS7', 'score': 0.0004876314779, 'baike_info': {}}, {'year': '2018-
2019', 'name': '红旗 H7', 'score': 0.0003610878484, 'baike_info': {}},
{'year': '2019', 'name': '红旗 E-HS3', 'score': 0.0002224121126,
'baike_info': {}}], 'log_id': 1704023432056135335}
```

由输出结果可知，response 的 JSON 格式返回的是字典形式，而字典中的内容则是 API 返回的 4 个字段信息。第 1 个字段信息是车辆的坐标"top" location_result（left 和 top 分别为是车辆左上顶点的 x 值和 y 值，而 width 和 height 是检测框的宽度和高度）。第 2 个字段信息是车辆颜色 color_result，为蓝色。第 3 个字段信息是车型识别结果 result，共包含 5 个，其识别率由高到低分别为红旗 H5、红旗 HS5、红旗 HS7、红旗 H7、红旗 E-HS3，同时返回了这几种车型的生产年份 year、置信度 score 及百科词条信息 baike_info。如果某些车型在百科词条中没有记录，则会返回为空值。第 4 个字段信息是 log_id。

（8）由于该 API 的返回结果包括识别车辆的颜色、位置和 5 种车型等信息，不方便进行查看，因此这里可取 result 列表中的第一个元素，即识别度最高的车型信息，并根据字段输出相应的信息。例如，这里根据字段 name 输出识别度最高的车型名称，根据字段 color_result 输出车辆颜色，以及根据字段 score 输出置信度。

```
#输出车型
name = result['result'][0]['name']
print('1.车型名称：',name)
# 输出车辆颜色
color = result['color_result']
print ("2.车辆颜色：",color)
# 输出置信度
score = result['result'][0]['score']
print ("3.置信度：",score)
```

运行上述程序，输出结果如下。

```
1.车型名称：红旗 H5
2.车辆颜色：蓝色
3.置信度：0.9085559249
```

其中，识别度最高的车型为红旗 H5，车辆颜色为蓝色，识别准确率达 90%以上，效果优异。

结果可视化

（1）由于给图像添加的标题或其他文字中包含中文，因此需要先设置中文字体以正常显示中文，再读取原始图像并将其转换为 RGB 格式的图像。

```
# 加载字体文件
fm.fontManager.addfont('./data/SimHei.ttf')
# 显示中文
plt.rcParams['font.sans-serif'] = ['SimHei']
#读取图像
image = cv2.imread('./data/test.png')
#将 BGR 格式的图像转换为 RGB 格式的图像
image_new = cv2.cvtColor(image, cv2.COLOR_BGR2RGB)
```

（2）对识别的车型进行标注和可视化，方便客户查看车辆信息。这里设置在图像右上角添加车辆的型号、颜色和置信度信息，并结合 plt 对图像进行可视化。

```
# 创建图像对象
fig, ax = plt.subplots()
# 显示图像
ax.imshow(image_new)
# 在图像右上角添加车辆的型号、颜色和置信度信息
text = f"1.车型名称：{name}\n2.车辆颜色：{color}\n3.置信度：{score}"
ax.text(0.60, 0.95, text, transform=ax.transAxes, ha='left', va='top',
color='blue')
# 关闭坐标轴
ax.axis('off')
# 图像标题
plt.title('车型识别结果图')
# 保存图像。保存操作必须在执行 show() 函数之前，否则保存结果是白图
plt.savefig("./" + "车型识别结果图" + ".png")
# 显示图像
plt.show()
```

车型识别结果如图 5-19 所示。由图 5-19 可知，车辆的型号、颜色和置信度已经被添加到图像右上角。

图 5-19　车型识别结果

拓展学习

建议学生以 2 人或 3 人为一个小组开展拓展学习，在实施过程中充分讨论，互相学习和验证，最终共同完成拓展学习任务。

拓展学习 1： 请编写程序，完成以下任务。

（1）采集 3 张不同车型的车辆图像，其中车型分为轿车、卡车、公交车。

（2）编写程序，对采集的 3 张图像进行车型识别，并查看效果。

（3）对比不同车辆的车型识别效果。

（4）提供上述 3 张图像的车型识别结果图。

拓展学习 2： 本项目主要介绍了如何对图像进行车型识别，其属于图像分类任务。请查阅资料，了解是否还有其他图像分类 API，并填写表 5-3。

表 5-3　其他图像分类 API

序号	图像分类 API	API 功能描述	对应的请求链接
1			
2			
3			

思政课堂

不忘科学报国初心，牢记科技强国使命

科技曾犹如一粒火种，点燃了整个人类社会，无论是政治、经济，还是文化都以前所

未有的速度进化着。加强科技创新一直是近年来大国战略博弈的重要战场，而中国逐渐成为全球创新版图中日益重要的一极，在全球竞技场中，中国不断展现着科技创新的实力。

例如，2021年3月，我国首个超大规模人工智能模型"悟道1.0"发布，该模型的攻关团队由清华大学、北京大学、中国人民大学、中国科学院等单位的100余位人工智能科学家联合组成。"悟道1.0"取得了多项国际领先的人工智能技术突破，形成了超大规模智能模型训练技术体系，成功训练出一系列超大模型，其中包括中文、多模态、认知和蛋白质预测等。又如，在2021年的CVPR（国际计算机视觉和模式识别大会，人工智能领域中顶级的学术会议之一）上，百度连获10个挑战赛冠军，有22篇优质论文入选，涵盖图像语义分割、文本视频检索、3D目标检测等多个研究方向，在国际舞台上大放异彩，展示了中国的人工智能技术实力。

广大科研者应弘扬科学报国的光荣传统，追求真理、勇攀高峰的科学精神，勇于创新、严谨求实的学术风气，将个人理想自觉融入国家发展伟业，在科学前沿孜孜求索，在重大科技领域不断取得突破。

工作页

一、项目目标

在学习完本项目后，将自己对知识的掌握情况填入表 5-4，并对相应项目目标进行难度评估。评估方法：给相应项目目标后的☆涂色，难度系数范围为1~5。

表 5-4　项目目标自测表

项目目标	目标难度评估	是否掌握（自评）
掌握图像分类的定义	☆☆☆☆☆	
掌握图像分类的应用	☆☆☆☆☆	
理解车型识别 API	☆☆☆☆☆	
能够调用车型识别 API 实现智能识别	☆☆☆☆☆	
培育科技强国意识	☆☆☆☆☆	

二、项目分析

本项目介绍了图像分类的相关知识，并调用百度 AI 开放平台中的车型识别 API 实现了智能识别。请结合分析，将项目具体实践步骤（简化）填入图 5-20 中的方框。

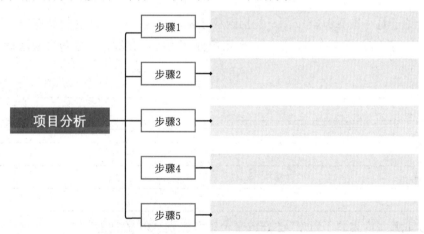

图 5-20　项目分析步骤

三、知识抽测

1. 请根据图像判断该任务是否属于图像分类任务。

□是　□否

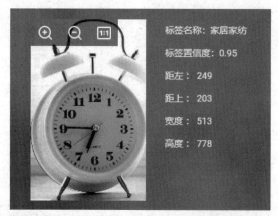

□是 □否

□是 □否

2. 本项目介绍了几个图像分类应用，包括国粹艺术品识别、野生动物制品识别、汽车网站拍照识车，请你查阅资料，并结合所学内容，编写一个图像分类的应用案例，要求包含应用背景、解决方案和应用价值。

（1）应用背景：_____

_____。

（2）解决方案：_____

_____。

（3）应用价值：_____

_____。

3. 请判断以下哪些内容属于百度 AI 开放平台车型识别 API 的功能。

□ 识别多辆汽车的品牌和型号　　　□ 识别车牌信息

□ 识别图像中的车辆数量　　　　　□ 识别车辆颜色信息

□ 返回百科内容　　　　　　　　　□ 识别车辆年份信息

□ 返回置信度　　　　　　　　　　□ 识别单辆汽车的品牌和型号

四、实训抽测

1. 本次项目需要使用 6 个库，请在横线处填写缺失内容。

```
import requests        # _____
import _____     # 处理 JSON 格式数据
```

```
import cv2              # 对图像进行操作
import _____        # 对图像进行编码
import matplotlib.pyplot as plt  # 显示图像和创建图表
import matplotlib.font_manager as fm  # _____
```

2．根据官方文档，车型识别 API 的请求参数有 4 个，请结合所学内容，在横线处填写缺失的内容。

当调用百度 AI 开放平台车辆识别 API 时，必须传入请求参数_____或_____，这两个参数都表示_____；top_num 为非必选参数，表示_____，默认为 5；baike_num 参数表示的是返回百科词条信息的结果数，默认为_____。

3．根据官方文档，车型识别 API 返回参数的字段有很多，请判断哪些是必选的字段，并将缺失的字段说明补充完整。

字段	说明	是否必选
log_id	_____	□是 □否
color_result	_____	□是 □否
result	车型识别结果数组	□是 □否
+name	_____	□是 □否
+score	_____	□是 □否
+year	年份	□是 □否
+baike_info	_____	□是 □否
++baike_url	对应车型识别结果的百科页面链接	□是 □否

项目 6

基于 API 实现车辆检测

案例导入

在我们的日常生活中，每天有成千上万台车辆在道路上穿行，这些车辆的车型非常多，如汽车、卡车、巴士、摩托车、三轮车等。然而，在交通监控系统中，我们很难从众多穿行的车辆中发现特定的车型，这会很容易出现各类事故。例如，在广东、湖南、福建等省份，均禁止摩托车进入高速公路，但交通管理部门无法通过安全监控系统及时、准确地捕获违规行驶的摩托车，这就使得道路上的交通安全存在很大的隐患。由此可见，为了及时发现违规进入高速公路的摩托车，保障道路交通安全，可以使用车辆检测算法对监控图像进行排查，在高速公路收费站前对摩托车进行拦截，谨防摩托车冲出关卡进入高速公路。

思考：车辆检测算法除了可以应用在交通监控系统中，还可以应用在哪些场景？

学习目标

（1）掌握目标检测的定义。

（2）掌握目标检测的应用。

（3）了解目标检测云服务接口。

（4）能够调用车辆检测 API 实现智能检测。

（5）培育交通安全意识。

项目描述

本项目要求基于上述案例场景，使用成熟的目标检测云服务接口，先对图 6-1（a）进行车辆检测操作，再根据检测结果使用检测框进行标注并在左上角添加车辆类型及置信度［见图 6-1（b）］。其中，摩托车使用红色检测框进行标注，其他车辆使用绿色检测框进行标注。

（a）原图　　　　　　　　　　（b）检测后的图像

图 6-1　车辆检测结果

项目分析

本项目首先介绍目标检测的相关知识，然后介绍如何调用百度 AI 开放平台中的车辆检测 API，具体分析如下。

（1）掌握目标检测的定义，并将其与图像分类进行比较，对比两者的差异。

（2）掌握目标检测在生产环境安全监控和产品组装合格检查方面的应用。

（3）了解百度 AI 开放平台中有哪些目标检测云服务接口。

（4）能够调用车辆检测 API 实现智能检测小汽车和摩托车。

知识准备

图 6-2 所示为基于 API 实现车辆检测的思维导图。

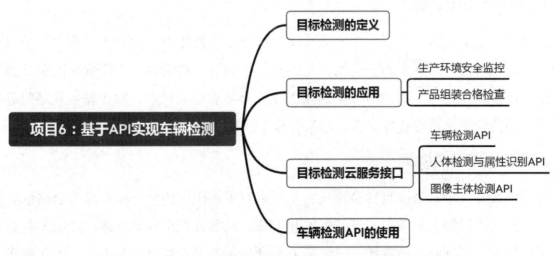

图 6-2　基于 API 实现车辆检测的思维导图

知识点 1：目标检测的定义

目标检测（Object Detection）也被称为物体检测，是指在图像中找出所有目标，并确定其类别和位置的过程和技术。在如图 6-3 所示的猫狗物体检测过程中，目标检测不仅需要识别图像中是否包含特定类别的物体或目标（如猫或狗），还需要检测目标在图像中出现的位置，并给出目标的矩形框，以便进行定位。由于各类物体的外观、形状和姿态不同，并且存在成像时受光照、遮挡等因素影响的问题，因此目标检测一直是计算机视觉领域最具代表性的问题之一。

图 6-3　猫狗物体检测

知识点 2：目标检测的应用

随着人工智能技术的快速发展，目标检测已经被广泛应用于各个行业和领域。目标检测不仅可以为自动驾驶、安防监控、医学影像分析等提供更加精准和可靠的服务，还可以帮助工业质检、农业生产等实现高效、精准、可持续的发展。目前，目标检测技术已经成为人们解决实际问题的有力工具之一，在未来的发展中将发挥重要作用。

1）生产环境安全监控

通过目标检测技术，可以对生产环境现场进行安全性监控，如检查是否出现挖掘机等危险物体，以及工人是否佩戴安全帽、是否穿工作服等，辅助人工判断安全隐患并预警，保证生产环境安全运行。在如图 6-4 所示的生产环境安全监控中，对于输电线路附近的安全检查，需要检测是否存在挖掘机、吊车等危险物体。

2）产品组装合格检查

在流水线作业中，通过目标检测技术，可以对可能出现的组合型产品不合格情况进行列举，并采集对应情况的图像，进行标注和训练，从而训练出自动判断产品组装是否合格的模型，辅助人工判断产品质量。在如图 6-5 所示的产品组装合格检查中，对于键盘的生产，需要对键盘组装进行分类识别，判断是否组装错误。

图 6-4　生产环境安全监控

图 6-5　产品组装合格检查

知识点 3：目标检测云服务接口

目标检测作为计算机视觉领域最具代表性的问题之一，被广泛应用于多种应用场景。许多公司或企业都提供了多种目标检测云服务接口，所以开发者可以快速地将目标检测云服务接口的功能集成到自己的应用或系统中，无须自行训练模型和配置硬件设备，这极大地简化了开发流程，提高了开发效率。下面将介绍车辆检测 API、人体检测与属性识别 API 和图像主体检测 API 的功能与应用场景。

1）车辆检测 API

百度 AI 开放平台的车辆检测 API 不仅可以检测图像中的所有机动车辆，返回每台车辆的车型（包括小汽车、卡车、巴士、摩托车、三轮车 5 类）、坐标位置及置信度等信息，还可以对每类车辆分别进行计数，定位小汽车、卡车、巴士的车牌位置。车辆检测 API 示例如图 6-6 所示。

车辆检测 API 可应用于违章停车监测、智能停车场场景。

（1）违章停车监测。

交通拥堵和停车位不足是许多城市面临的共同问题。因此，许多城市的交通管理部门都面临着违章停车问题的监管和解决。传统的违章停车监测主要依赖于交通管理人员的巡逻，即在容易出现违章停车的区域（如禁停区、消防通道等），交通管理人员会观察车辆是否违章停放，并及时记录违章车辆的信息（如车牌号、车型和停放时间等）。一旦确认了违章停车行为，交警会发放罚单给违章车辆的车主。这种人工监测违章停车的方式存在效率低、人力成本高、不够便捷等问题。

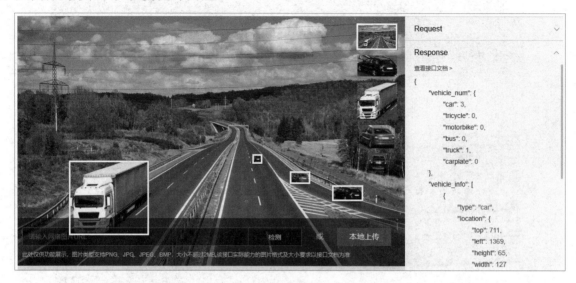

图 6-6　车辆检测 API 示例

为此，通过目标检测技术与其他技术的结合，可以代替传统的人工监测方法，快速、准确地识别违章停车行为，提供实时监控和警示，协助交通管理部门进行及时处罚和监督。违章停车监测系统主要通过在道路上安装摄像头和车辆检测设备，实时监测车辆停放情况，当检测到违章停车行为时，系统会自动记录违章车辆的信息，并通过图像或视频提供证据。这些信息可以用于罚单的自动发放，提高交通管理的效率和准确性，从而有效减少违章停车行为，提高城市交通秩序，帮助交通管理部门了解城市交通状况和停车需求，优化交通规划和资源分配。

（2）智能停车场。

随着城市人口的增加和车辆数量的快速增长，停车位的需求日益紧张。智能停车场利用目标检测技术，可以实现对停车场内车辆的自动检测和管理，从而提供实时停车位信息，帮助驾驶员快速找到合适的停车位，提高停车场的利用率和提升用户体验。

智能停车场系统主要通过在停车场内安装摄像头和传感器，实时监测和识别停车位上车辆的状态，并利用目标检测技术准确地检测车辆的位置和空余停车位的数量，同时将这些信息通过应用程序或导航系统传递给驾驶员。驾驶员可以根据实时信息快速找到可用的停车位，从而减少寻找时间，提高停车场的利用率和效率，减少停车位的浪费和拥堵。对驾驶员而言，智能停车场系统提供了更便捷的停车体验，节省了停车时间和燃料消耗；对停车场管理者而言，智能停车场系统提供了实时数据和统计分析，优化了停车场的运营和管理，减少了拥堵、优化了资源分配，从而帮助停车场管理者提升用户体验和服务质量。

2）人体检测与属性识别 API

百度 AI 开放平台的人体检测与属性识别 API 可提供多人体检测和识别 17 类属性两种功能。人体检测与属性识别 API 主要应用于安防监控，可以识别人体的性别、年龄、衣着外观等特征，从而辅助定位追踪特定人员及监测预警各类危险、违规行为（如公共场所跑跳、抽烟），减少安全隐患等。

多人体检测：可以检测图像中的所有人体，标记每个人体的坐标位置，并且不限制人体数量，适应于中低空斜拍、人体轻度遮挡、截断等场景，如图 6-7 所示。

图 6-7　多人体检测

识别 17 类属性：可以识别人体的 17 类通用属性，包含性别、年龄阶段、服饰类别、服饰颜色、是否戴帽子（可以区分安全帽/普通帽）、是否戴口罩、是否背包、有无手提物、是否使用手机等，如图 6-8 所示。

图 6-8　识别 17 类属性

3) 图像主体检测 API

百度 AI 开放平台的图像主体检测 API 可以检测图像中的主体,识别主体的位置和标签,方便裁剪出对应主体的区域,用于后续图像处理、对海量图像进行分类和标注等场景。图像主体检测 API 可提供图像单主体检测和图像多主体检测两种功能。

图像单主体检测:检测出图像中最突出的主体坐标位置。使用该功能可以裁剪出图像主体区域,从而配合图像识别接口提升识别精度,如图 6-9 所示。

图 6-9　图像单主体检测

图像多主体检测:检测出图像中多个主体的坐标位置,并给出主体的分类标签和每个标签的置信度。其中,分类标签共 16 大类,包括家居家纺、食品饮料、文化娱乐、果蔬生鲜等,可用于图像打标、裁剪出对应的主体信息,以便进行二次开发,如图 6-10 所示。

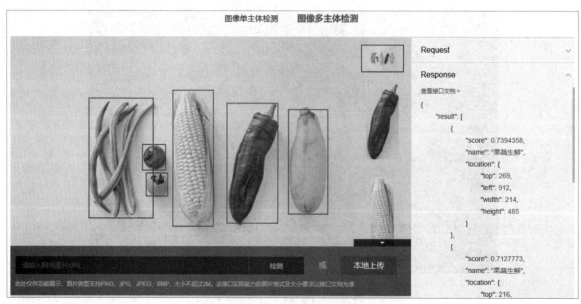

图 6-10　图像多主体检测

知识点 4：车辆检测 API 的使用

百度 AI 开放平台的车辆检测 API 可以检测图像中的所有机动车辆，返回每辆车的类型和坐标位置，其请求说明如表 6-1 所示。

表 6-1　车辆检测 API 的请求说明

参数	是否必选	类型	可选值范围	说明
image	与 url 二选一	string	0～255 彩色图像（采用 Base64 编码格式）	图像数据；图像在经过 Base64 编码后，数据大小不能超过 4MB，并且图像的最短边至少为 50 像素，最长边不能超过 4096 像素；支持 jpg、png、bmp 格式；注意：图像的 Base64 编码是不包含图像头的，如（data: image/jpg;base64,）
url	与 image 二选一	string	0～255 彩色图像采用（Base64 编码格式）	图像的完整 URL；URL 的长度不能超过 1024KB；URL 对应的图像在经过 Base64 编码后，数据大小不能超过 4MB，并且图像的最短边至少为 50 像素，最长边不能超过 4096 像素；支持 jpg、png、bmp 格式。当 image 参数存在时，url 参数会失效
area	否	string	小于原图像素范围	只统计矩形区域内的车辆数，默认为全图统计。 使用逗号进行分隔，如'x1,y1,x2,y2,x3,y3...xn,yn'，按顺序依次给出每个顶点的 x、y 坐标（默认尾点与首点相连），形成闭合矩形区域。 服务会进行范围（顶点左边需要在图像范围内）及个数校验（数组长度必须为偶数，并且包含 4 个顶点）；目前只支持单个矩形区域。坐标取值不能超过图像的宽度和高度，如图像的宽度为 1280 像素，其坐标值最大为 1279

使用车辆检测 API 对图像进行智能检测后，返回参数的字段及说明如表 6-2 所示。

表 6-2　车辆检测 API 返回参数的字段及说明

字段	是否必选	类型	说明
vehicle_num	是	object	检测到的车辆数量
+car	是	int	小汽车数量
+truck	是	int	卡车数量
+bus	是	int	巴士数量
+motorbike	是	int	摩托车数量
+tricycle	是	int	三轮车数量
+carplate	是	int	车牌的数量。只有小汽车、卡车、巴士的车牌才能被检测到
vehicle_info	是	object[]	每个检测框的具体信息
+location	是	object	检测到的目标坐标位置
++left	是	int32	目标检测框左边缘与图像最左侧之间的距离
++top	是	int32	目标检测框上边缘与图像顶部之间的距离
++width	是	int32	目标检测框的宽度

字段	是否必选	类型	说明
++height	是	int32	目标检测框的高度
+type	是	string	目标物体类型，如 car（小汽车）、truck（三轮车）、bus（巴士）、motorbike（摩托车）、tricycle（三轮车）、carplate（车牌）
+probability	是	float	置信度，取值为 0～1。该值越接近 1，越说明识别准确的概率越大

项目实施

本项目将针对一张交通监控系统拍摄的图像进行车辆检测操作，将检测到的所有车辆进行框选，并提交实训成果。

实训目的：通过实训掌握车辆检测的实现方法，并将其应用到人工智能项目场景中。

实训要求：学生以 2 人或 3 人为一个小组，在实训过程中充分讨论、学习和验证，最终共同完成实训任务。

目标成果：基于 API 实现车辆检测.ipynb、车辆检测结果.png。

任务1

获取车辆检测 API 请求链接

（1）打开人工智能交互式在线学习及教学管理系统，进入控制台页面，单击"人工智能 API 库"选项中的"启动"按钮，启动人工智能 API 库，如图 6-11 所示。

图 6-11　启动人工智能 API 库

（2）启动人工智能 API 库后，在输入框中输入"车辆检测"并搜索，找到对应的 API 后，单击"复制"按钮，即可复制车辆检测 API 请求链接，如图 6-12 所示。保存该请求链接，以便在后续发送请求时使用。

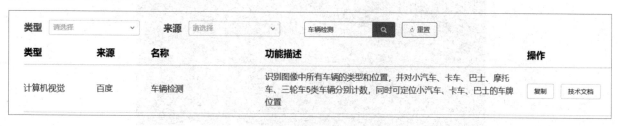

图 6-12　复制车辆检测 API 请求链接

119

（3）返回控制台页面，单击"人工智能在线实训及算法校验"选项中的"启动"按钮，启动人工智能在线实训及算法校验环境，如图 6-13 所示。

图 6-13　启动人工智能在线实训及算法校验环境

（4）启动人工智能在线实训及算法校验环境后，可以看到有一个名为 data 的文件夹（见图 6-14）。该文件夹中存储的是本项目需要处理的相关数据。这里可以单击 data 文件夹，打开该文件夹，查看其中的文件。

图 6-14　data 文件夹

（5）打开 data 文件夹后，可以看到其中有一张 1.png 图像（见图 6-15）。该图像是本项目需要使用的图像。

图 6-15　1.png 图像

（6）单击浏览器左上角的"←"按钮（见图 6-16），返回上一页面。

图 6-16　单击"←"按钮

（7）单击图 6-17 中的文件夹按钮，返回初始路径。

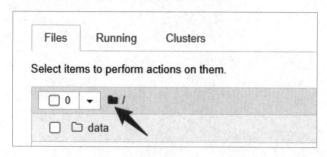

图 6-17　单击文件夹按钮

（8）回到初始路径后，单击页面右侧的"New"下拉按钮，在弹出的下拉列表中选择"Python 3"选项（见图 6-18），创建 Jupyter Notebook。

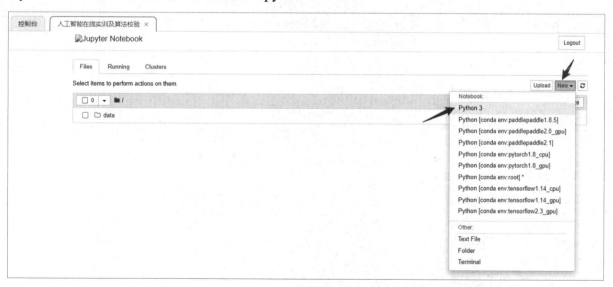

图 6-18　选择"Python 3"选项

（9）创建 Jupyter Notebook 后，即可在代码编辑块中输入代码。如果需要增加代码块，则可以单击功能区的"＋"按钮，如图 6-19 所示；如果需要运行代码块，则可以按快捷键"Shift+Enter"。

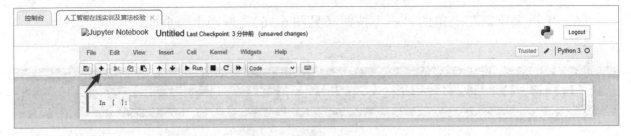

图 6-19　增加代码块

任务 2

调用车辆检测 API

下面开始进行编辑程序，调用车辆检测 API，实现车辆检测。

（1）输入以下代码，导入实施本任务所需的库。

```
# 用于发送请求
import requests
# 用于对数据进行 Base64 编码和解码
import base64
# 对图像进行操作
import cv2
# 显示图像
import matplotlib.pyplot as plt
```

（2）根据官方文档，我们可以通过 post 形式发送请求消息。该消息包括请求 URL、请求消息头与请求消息体 3 种。首先设置请求 URL，即发送请求的对象。在任务 1 中已经获取了本任务所需的车辆检测 API 请求链接，下面将其赋值到 request_url 变量中。

```
#设置请求 URL
request_url = '输入在任务 1 中复制的车辆检测 API 请求链接'
```

（3）设置请求消息头。根据官方文档，需要将请求消息头设置为 JSON 格式，表示以 JSON 格式的数据发送请求消息到 API 中。

```
# 设置请求消息头
headers={"Content-Type": "application/json"}
```

（4）根据官方文档，请求消息体的参数为 image 或 url，指的是需要处理的图像。当将请求消息体的参数设置为 image 时，请求消息要求图像的格式为 Base64 编码格式，并且图像在经过 Base64 编码后，数据大小不能超过 4MB。因此，通过以下程序将图像格式转换为 Base64 编码格式。

```
# 将图像格式转换为 Base64 编码格式
f = open('./data/1.png', 'rb')    # 以二进制的方式读取待预测图像
img = base64.b64encode(f.read()) # 将图像格式转换为 Base64 编码格式
```

（5）完成格式转换后，先将转换为 Base64 编码格式的图像传入请求消息体所需参数 image，再通过 requests 库中的 post() 函数输入相关参数，发送 post 请求，并查看响应信息。

```
#将图像传入参数
params = {"image":img}
# 发送 post 请求
response = requests.post(request_url, data=params, headers=headers)
#查看响应信息
print(response)
```

输出的响应信息如下。当返回的状态码为 200 时，表示请求成功，并且服务器成功处理了请求。

```
<Response [200]>
```

（6）输出车辆检测的返回信息，其中主要包括检测到的车辆数量、车型（小汽车、卡车、巴士、摩托车、三轮车）、车牌数量（只有小汽车、卡车、巴士的车牌才能被检测到）、每个检测框的具体信息及置信度等。

```
if response:
print (response.json())
result = response.json()
```

运行上述程序，输出结果如下。其中，vehicle_num 为检测到的车辆数量，包含一辆小汽车（car），一辆摩托车（motorbike）；vehicle_info 中的 type 为目标物体类型，location 为检测到的目标在图像中的坐标位置，probability 为识别到目标的置信度。此处检测到的两辆车辆的准确度都在 95% 以上。

```
{'vehicle_num': {'car': 1, 'tricycle': 0, 'motorbike': 1, 'bus': 0,
'truck': 0, 'carplate': 0}, 'vehicle_info': [{'type': 'car', 'location':
{'top': 125, 'left': 80, 'height': 193, 'width': 330}, 'probability':
0.95600545}, {'type': 'motorbike', 'location': {'top': 76, 'left': 474,
'height': 354, 'width': 188}, 'probability': 0.96594894}], 'log_id':
1630011713815772875}
```

任务 3

结果可视化

（1）读取图像，定义检测框的颜色分别为绿色和红色，定义字体颜色为红色，并定义字体的格式和大小，具体代码如下。

```
sourceImg = cv2.imread('./data/1.png')
# 定义检测框的颜色和字体样式
box_greencolor = (0, 255, 0)          # 定义检测框的颜色为绿色
box_redcolor = (0, 0, 255)            # 定义检测框的颜色为红色
text_color = (0, 0, 255)              # 定义字体颜色为红色
font = cv2.FONT_HERSHEY_SIMPLEX       # 定义字体格式
font_scale = 0.6                      # 定义字体大小
```

（2）遍历从任务 2 中获取的返回信息，以获取检测框的信息，用于判断检测到的车辆是否是摩托车。如果是摩托车，则使用红色检测框进行标注；如果不是摩托车，则使用绿色检测框进行标注，并在检测框的左上角添加车辆类型及置信度，具体代码如下。

```
# 遍历目标信息，绘制检测框和添加文本
for vehicle in result['vehicle_info']:
    # 获取检测框的位置信息
    top = vehicle['location']['top']
    left = vehicle['location']['left']
    height = vehicle['location']['height']
    width = vehicle['location']['width']
    # 定义检测框的颜色
    if vehicle['type'] == 'motorbike':
        box_color = box_redcolor        # 红色
    else:
        box_color = box_greencolor      # 绿色
    # 绘制检测框
    cv2.rectangle(sourceImg,(left,top),(left + width,top+height),
box_color,2)
    # 构建文本字符串
    label = f"{vehicle['type']} : {round(vehicle['probability'], 2)}"
```

```
# 添加文本
cv2.putText(sourceImg,label,(left,top-10),font,font_scale,text_color,2)
```

（3）将处理后的图像进行显示，以便更加直观地查看检测出来的车辆及车辆类型和置信度，结果如图 6-20 所示。

```
# 将图像格式从 BGR 格式转换为 RGB 格式
srcImage_new = cv2.cvtColor(sourceImg, cv2.COLOR_BGR2RGB)
# 显示图像
plt.imshow(srcImage_new)
plt.axis('off')
plt.savefig("./车辆检测结果.png")
plt.show()
```

图 6-20　车辆检测结果

从图 6-20 可以看出，图像上已经绘制并显示检测到的信息。

拓展学习

建议学生以 2 人或 3 人为一个小组开展拓展学习，在实施过程中充分讨论，互相学习和验证，最终共同完成拓展学习任务。

拓展学习 1：本项目介绍了 3 个目标检测类的 API。请查阅资料，了解是否还有其他目标检测 API，并填写表 6-3。

表 6-3　其他目标检测 API

序号	API 名称	API 功能描述	API 请求链接
1			
2			
3			

拓展学习 2：请编写程序，完成以下任务。

（1）采集同时存在多种不同车型的交通场景图像。

（2）编写程序，对采集到的图像进行车辆检测。

（3）使用不同颜色的检测框框选出不同的车型，并在检测框的左上角使用文字标注所检测到的车型和置信度。

思政课堂

尊重生命与规则，树立交通安全意识

目标检测作为目前最热门、应用最广泛的技术之一，已经被广泛应用于安防监控、工业检测、智慧交通等场景。例如，在智慧交通应用场景中，目标检测技术可以实现检测车辆、行人是否存在不良行为或违法行为，并进行实时追踪、报警等功能。目标检测是实现智慧交通的一种重要技术和方法。

自 2012 年，我国每百户家庭私人汽车拥有量超过 20 辆，正式进入汽车社会。到如今，我国机动车保有量、机动车驾驶人数量、公路通车里程均为世界第一。在机动车保有量和驾驶人数量迅速增长的背景下，交通压力持续增大，每年的道路交通事故也不断出现，交通安全情况不容乐观。因此，树立交通安全意识，自觉遵守交通安全法规成了每位公民应尽的责任和义务。为此，2012 年，国务院将每年 12 月 2 日设立为"全国交通安全日"，旨在启蒙、塑造、丰富国民交通安全意识，让人们树立交通安全意识、尊重生命与规则。"全国交通安全日"的设立不仅促进了道路安全畅通，更推动了社会公德建设，为我国文明交通、交通强国的实现做出了重要贡献。

一、项目目标

在学习完本项目后,将自己对知识的掌握情况填入表 6-4,并对相应项目目标进行难度评估。评估方法:给相应项目目标后的☆涂色,难度系数范围为 1~5。

表 6-4　项目目标自测表

项目目标	目标难度评估	是否掌握(自评)
掌握目标检测的定义	☆☆☆☆☆	
掌握目标检测的应用	☆☆☆☆☆	
了解目标检测云服务接口	☆☆☆☆☆	
能够调用车辆检测 API 实现智能检测	☆☆☆☆☆	
培育交通安全意识	☆☆☆☆☆	

二、项目分析

本项目介绍了目标检测的相关知识,并调用了百度 AI 开放平台中的车辆检测 API。请结合分析,将项目具体实践步骤(简化)填入图 6-21 中的方框。

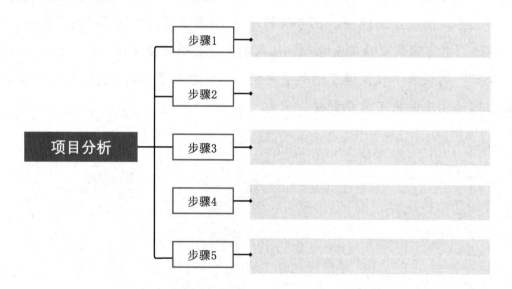

图 6-21　项目分析步骤

三、知识抽测

1. 请根据图像判断该任务是否属于目标检测。

□是　□否

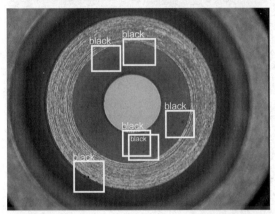

□是　□否

□是　□否

2. 本项目介绍了几个目标检测的应用，主要包括生产环境安全监控、产品组装合格检查、道路车辆检测。请你查阅资料，并结合所学内容，编写一个目标检测的应用案例，要求包含应用背景、解决方案和应用价值。

（1）应用背景：_____

_____。

（2）解决方案：_____

_____。

（3）应用价值：_____

_____。

3. 请判断以下内容哪些属于百度 AI 开放平台车辆检测 API 的功能。

□ 支持 0～255 彩色图像　　　　　□ 识别自行车的数量

□ 统计固定区域内的车辆数量　　　□ 识别摩托车的车牌

□ 统计全图中的车辆数量　　　　　□ 返回车辆的坐标位置

□ 返回置信度　　　　　　　　　　□ 返回百科内容

4. 请将百度 AI 开放平台目标检测类 API 的名称及对应的功能描述进行连线。

人体检测与属性识别 API   检测出图像中多个主体的坐标位置，并给出主体的分类标签和每个标签的置信度

图像多主体检测   检测出图像中最突出的主体的坐标位置。可以使用该接口裁剪出图像主体区域

图像单主体检测   识别人体的 17 类通用属性，包含性别、年龄、服饰类别、服饰颜色、是否戴帽子、是否戴口罩、是否背包、有无手提物、是否使用手机等

四、实训抽测

1. 当通过 post 形式发送调用车辆检测请求消息时，需要设置哪些内容？请勾选需要设置的内容，并与对应的参数进行连线。

☐ XML 格式的请求消息头   access_token

☐ 请求 URL   Content-Type

☐ JSON 格式的请求消息头   image

☐ 请求消息体

2. 根据官方文档，输入的图像应为 Base64 编码格式。为此，以下代码对图像做了处理，请在横线处补充缺失内容。

```
# 将图像格式转换为 Base64 编码格式
f = ____('./data/1.png', '__')        # 以二进制的方式读取待预测图像
img = base64._____ (f.read())      # 将图像格式转换为 Base64 编码格式
```

3. 为了将识别结果进行可视化，需要绘制图像。请观察图 6-22，描述输出这张图像需要设置哪些绘图参数。

图 6-22　结果可视化

项目 **7**

基于 API 实现行人分割

案例导入

　　随着城市化进程的加速和城市人口的不断增长，马路上的人流密集度也在不断提高，因此交通管理部门需要更加精准地了解人流量情况，以便为交通管控提供科学依据。行人分割与人群计数等技术结合，可以帮助交通管理部门了解人流密集区域的情况，包括人流峰值时间、人流流向、人流密度等，为交通管控提供数据支持。在交通高峰期，交通管理部门可以根据人群计数的数据制定相应的交通管理方案，包括调整交通信号灯的时长、增加交通警力、增设人行天桥等，以提高交通流畅度和安全性。

　　思考：行人分割除了可以应用在交通系统中，还可以应用在哪些场景？

学习目标

（1）了解图像分割的定义。

（2）熟悉图像分割的应用。

（3）熟悉图像分割的分类。

（4）熟悉图像分割云服务接口。

（5）掌握正确调用人像分割 API 的方法。

（6）了解严守耕地红线的重要性。

项目描述

本项目要求基于上述案例场景，使用成熟的图像分割云服务接口，对图 7–1（a）进行行人分割操作。图 7-1 所示为行人分割效果。

(a) 原图 　　　　　　　　　　　(b) 行人分割后的图像

图 7-1　行人分割效果

项目分析

　　本项目首先介绍图像分割的相关知识，然后介绍如何调用百度 AI 开放平台中的人像分割 API，具体分析如下。

　　（1）了解图像分割的定义，学会区分图像分类、目标检测和图像分割。

　　（2）熟悉图像分割在遥感图像耕地地块分割和建筑钢材表面缺陷检测方面的应用。

　　（3）掌握语义分割、实例分割和全景分割的异同。

　　（4）熟悉百度 AI 开放平台和阿里云视觉智能开放平台中的图像分割云服务接口。

　　（5）掌握百度 AI 开放平台人像分割 API 的使用方法，能够调用 API 实现街道场景下多行人的分割操作。

知识准备

　　图 7-2 所示为基于 API 实现行人分割的思维导图。

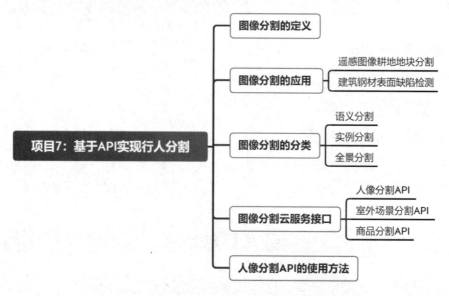

图 7-2　基于 API 实现行人分割的思维导图

知识点 1：图像分割的定义

图像分割（Image Segmentation）是指以像素为单位，将图像分成若干个特定的、具有独特性质的区域，并提取出感兴趣目标的技术和过程。也就是说，图像分割根据数字图像中的像素集合，将图像划分成多个互不重叠的、具有相似性质的区域。这些区域通常表示图像中的物体、背景或其他有意义的部分，并且算法所得到的结果应该符合人类对现实世界的认知。

在如图 7-3 所示图像分割与其他任务的对比中，针对同一张图像，图像分类将对图像进行单个或多个标签分类（"街道""汽车"）；目标检测将使用检测框标注出图像中的目标（"汽车"），并给出相应的标签；图像分割不仅能够定位目标的位置，还能够以像素为单位进行分类，从而描绘出目标的轮廓。图像分割是从图像处理到图像分析的关键步骤，也是计算机视觉领域中的基本任务之一，还是许多高级视觉任务的基础。

原图

图像分类

目标检测

图像分割

图 7-3　图像分割与其他任务的对比

知识点 2：图像分割的应用

大多数计算机视觉任务都需要对图像进行智能分割，以充分理解图像中的内容，从而使对各个图像部分之间的分析更加容易。因此，图像分割是目前预测图像领域较为热门的一项技术，在实际生产生活中有着广泛应用，如人脸识别、智能物体检测、自动驾驶感知等。

1）遥感图像耕地地块分割

随着城市化进程的加速和人口的不断增长，土地资源变得越来越紧缺。因此，耕地保护成了一个热门话题，而遥感技术为耕地保护提供了重要帮助。遥感技术通过对遥感图像进行分割，可以快速、准确地测算出农田的面积、形状、种植作物及农作物覆盖度等重要信息。这些信息可以帮助农民更好地管理农田，实现精准农业管理，从而提高种植农作物的产量和质量，降低农业生产成本，促进可持续发展。

如今，遥感图像耕地地块分割在全球范围内得到了广泛应用，并取得了良好效果。例如，在江苏省南通市，当地政府通过对遥感图像进行分割和分类，可以精准识别出各类农田的边界和种植情况，提高了耕地的利用率和管理效率，成功实现了农业可持续发展的战略目标。

然而，传统的解决方法主要依靠遥感影像的光谱分析进行地块识别，对数据要求高，前期需要采集大量的样本数据，并且识别的精度不高。基于以上问题，某公司利用PaddlePaddle 深度学习开源框架中的 PaddleSeg 图像分割开发套件，秉承"科技服务三农、数据创造价值"的理念，在"863 计划""973 计划"支持下，基于卫星+气象+地面光谱+农作物模型对农作物进行实时 CT 监测、预测和决策，打造了全维度、高精度的精准农业数字地图应用引擎平台，实现对农业遥感数据的处理和对耕地面积的提取，从而辅助相关部门人员和从业者进行产量估算。

遥感图像耕地地块分割是图像分割在农业领域的一项重要应用，具有广泛的前景和重要意义。随着技术的不断进步，图像分割将在农业生产、土地利用和环境保护等方面发挥越来越重要的作用，为农业可持续发展注入新的活力。

2）建筑钢材表面缺陷检测

实现智能制造是一个重要趋势，而建筑钢材表面缺陷检测正是智能制造的一个关键环节，有助于打造智能工厂，提高企业竞争力。同时，钢材也是现代最重要的建筑材料之一。钢材结构建筑能够抵抗自然和人为磨损，这使得这种材料在世界各地随处可见。在所有钢材加工环节中，平板钢的生产工艺特别精细。在出厂之前需要进行严格的外观检测。从加热和轧制，到干燥和切割，需要几台机器协同操作，其中一个重要环节就是利用高清摄像头捕获的图像对加工环节中的钢材进行缺陷自动检测。

因此，某企业基于图像分割技术开发了一款能够自动检测钢材表面缺陷的应用，改进了钢板表面缺陷的检测精度，提高了钢铁生产的自动化程度。该应用采用 PaddlePaddle 的PaddleX 算法套件来快速部署和训练模型，提供高精低速（U-Net）和低精高速（HRNet）两种不同的优化策略，将一张包含缺陷的钢材表面图像分割成多个区域，并从分割出来的区域中确定哪个是缺陷区域，从而实现缺陷的自动检测和定位，如图 7-4 所示。

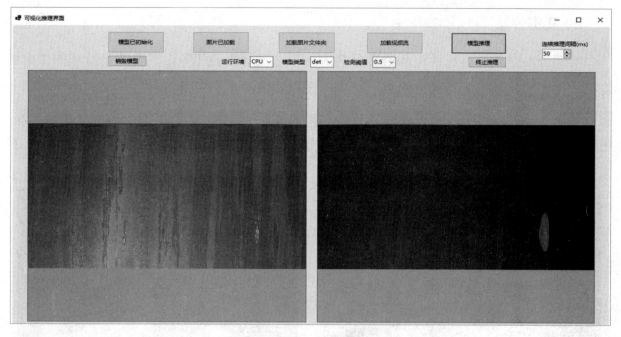

图 7-4　钢板表面缺陷检测

知识点 3：图像分割的分类

图像分割是计算机视觉领域中的基本任务之一，也是许多高级视觉任务的基础。根据图像分割级别的不同，图像分割通常可分为语义分割、实例分割和全景分割三大类。

1）语义分割

语义分割是指对图像中的每个像素进行分类，对不同类别的像素进行区分，从而实现图像像素级别的分割，其目标是精确理解图像的场景与内容。语义分割不仅需要区分图像中的不同区域，还需要将这些区域分为具有语义意义的不同类别，如人、车、树等。因此，语义分割可以被看作图像分类和图像分割的结合，是图像处理和机器视觉一个重要分支。如图 7-5 所示，语义分割将属于汽车的像素部分划分成一类，并使用蓝色进行标注，将属于背景的像素划分成一类，并使用橘色进行标注。

图 7-5　语义分割示例

2）实例分割

实例分割是结合目标检测和语义分割的一个更高层级的任务,其目的是检测图像中的目标,并对目标的每个像素分配类别标签,在默认情况下不对背景进行识别。由于实例分割的发展比较晚,因此实例分割模型主要基于深度学习技术。实例分割不仅需要检测目标,还需要对每个像素打上标签,并通过颜色区分每个目标,即对每辆汽车进行单独标注,并为它们分配各自的标签,如图7-6所示。

图 7-6　实例分割示例

3）全景分割

全景分割是语义分割和实例分割的综合,其目标是将全景图像分割成若干个不同的区域,每个区域代表一种物体或场景。具体来讲,全景分割不仅需要区分图像中的背景语义类别和前景语义类别,还需要对同一类别前景语义中的不同实例进行分割,因此全景分割的难度比语义分割、实例分割任务的难度高。与传统的图像分割不同,全景分割需要考虑全景图像的特殊性质,如弯曲的视角、高动态范围和光照变化等。全景分割广泛应用于虚拟现实、增强现实、自动驾驶和智能机器人等领域。全景分割对图像中的每个像素进行区域划分,无论是天空、道路、树木还是汽车,都进行识别和划分,并且区分每个实例,即对每辆汽车、每个人使用不同的颜色进行标记,如图7-7所示。

图 7-7　全景分割示例

知识点 4: 图像分割云服务接口

图像分割作为从图像处理到图像分析的关键步骤，许多平台都提供了多方面的图像分割云服务接口。下面主要介绍百度 AI 开放平台的人像分割 API 及阿里云视觉智能开放平台的室外场景分割 API 和商品分割 API。

1) 人像分割 API

百度 AI 开放平台的人像分割 API 能够将人体轮廓与图像背景进行分离，并返回分割后的二值图、灰度图和透明背景的人像前景图，支持多人体、复杂背景、遮挡、背面和侧面等各类人体姿态，被广泛应用于人像抠图与美化、人体特效、影视后期处理、照片背景替换、证件照制作和隐私保护等场景。图 7-8 所示为人像分割 API 示例。

图 7-8　人像分割 API 示例

下面介绍百度 AI 开放平台的人像分割 API 的具体应用案例——美啦相机。

美啦相机 App 专注于为用户提供图像和视频处理功能。该 App 的公司发现很多用户在生活中拍摄的一些照片，虽然背景不理想，但人像效果出色。对于这种照片，以往的替换背景方法需要通过 Photoshop 进行手动抠图，非常耗时。因此，该公司希望通过人像分割技术实现自动抠图，并对人像及背景进行分离，提高修图效率。为此，该 App 的技术团队通过百度 AI 开放平台的人像分割 API 实现了 App 智能功能的升级。基于人像分割技术可以精确分离照片中的人像和背景，支持用户更换背景、添加滤镜、设置景深模式等个性化操作，提高修图效率，如图 7-9 所示。

2) 室外场景分割 API

室外场景分割 API 是阿里云视觉智能开放平台提供的对室外场景进行像素级抠图的 API。室外场景分割示例如图 7-10 所示。该 API 目前支持 14 类场景：天空、草地、地面、树木、花、山石、水、雪地、建筑物、人物、动物、交通工具、结构物、其他。

图 7-9　分割人像后快速替换背景

图 7-10　室外场景分割示例

3）商品分割 API

阿里云视觉智能开放平台还提供了用于商品图像设计的商品分割 API。该 API 能够识别图像中的商品轮廓，并将其与背景进行分离，从而返回分割后的前景商品图像，适用于单商品、多商品、复杂背景等场景。商品分割 API 示例如图 7-11 所示。该 API 可用于艺术设计、电商、新零售等行业，如在对商品图像进行设计时，可以先从拍摄的商品实物照片中分割出目标商品，再进行后续设计，从而制作出商品宣传图像。

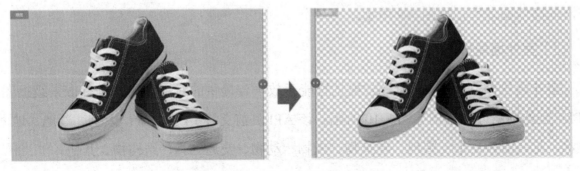

图 7-11　商品分割 API 示例

知识点 5：人像分割 API 的使用方法

百度 AI 开放平台的人像分割 API 在输入正常人像图后，可以返回分割后的二值图、灰度图、具有透明背景的人像前景图，并输出画面中的人数和人体坐标信息。后续我们可以基于这些信息对图像进行过滤和筛选，如筛选出大于 X 人的信息并对图像进行特殊处理。人像分割 API 请求参数如表 7-1 所示。

表 7-1　人像分割 API 请求参数

参数	是否必选	类型	可选值范围	说明
image	是	string	0～255 彩色图像（采用 Base64 编码格式）	图像数据；先进行 Base64 编码，再进行 urlencode；要求图像在经过 Base64 编码和 urlencode 后，数据大小不能超过 4MB，并且图像的最短边至少为 50 像素，最大边不能超过 4096 像素；支持 jpg、png、bmp 格式
type	否	string	labelmap、scoremap、foreground	通过设置 type 参数可以指定返回哪些结果图，从而避免浪费带宽资源。 可选值说明：labelmap 的返回值为二值图，需要进行二次处理才能查看分割效果；scoremap 的返回值为人像前景灰度图；foreground 的返回值为人像前景图，具有透明背景。 type 参数值可以是可选值的组合，使用逗号进行分隔。如果无此参数，则默认输出全部 3 类结果图

使用人像分割 API 对图像进行分割后，返回参数的字段及说明如表 7-2 所示。

表 7-2　人像分割 API 返回参数的字段及说明

字段	是否必选	类型	说明
labelmap	否	string	分割结果图像，经过 Base64 编码之后的二值图，需要进行二次处理才能查看分割效果
scoremap	否	string	分割后人像前景的灰度图，即将每个像素的置信度从原始的[0,1]归一化到[0,255]，这样不需要经过二次处理就可以将灰度图直接转换为可保存的图像形式。具体的转换方法通常是先将每个像素的置信度乘以 255，再进行四舍五入，从而得到一个整数
foreground	否	string	分割后的人像前景图，具有透明背景，经过 Base64 编码后的 png 格式图像，不需要进行二次处理，直接解码保存图像即可。将置信度大于 0.5 的像素抠出来，并通过 image matting 技术消除锯齿
person_num	是	int32	检测到的人体框数量
person_info	否	object[]	人体框信息，包含 height（人体区域的高度）、left（人体区域与左边界的距离）、top（人体区域与上边界的距离）、width（人体区域的宽度）、score（人体框的概率分数）

项目实施

本项目将针对一张交通监控系统拍摄的图像进行行人分割操作，并展示实训成果。

实训目的：通过实训掌握行人分割的实现方法，并将其应用到人工智能项目场景中。

实训要求：学生以 2 人或 3 人为一个小组，在实训过程中充分讨论、学习和验证，最终共同完成实训任务。

目标成果：基于 API 实现行人分割.ipynb、行人分割结果图.png。

获取人像分割 API 请求链接

（1）打开人工智能交互式在线学习及教学管理系统，进入控制台页面，单击"人工智能 API 库"选项中的"启动"按钮，启动人工智能 API 库，如图 7-12 所示。

图 7-12　启动人工智能 API 库

（2）启动人工智能 API 库后，在输入框中输入"人像分割"并搜索，找到对应的 API 后，单击"复制"按钮，即可复制人像分割 API 请求链接，如图 7-13 所示。保存该请求链接，以便在后续发送请求时使用。

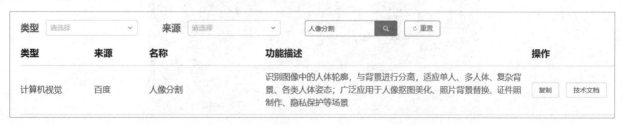

图 7-13　复制人像分割 API 请求链接

（3）返回控制台页面，单击"人工智能在线实训及算法校验"选项中的"启动"按钮，启动人工智能在线实训及算法校验环境，如图 7-14 所示。

图 7-14　启动人工智能在线实训及算法校验环境

（4）启动人工智能在线实训及算法校验环境后，可以看到其中有一个名为 **data** 的文件夹（见图 7-15）。该文件夹中存储的是本项目需要处理的相关数据。这里可以单击 data 文件夹，打开 data 文件夹，查看其中的文件。

图 7-15　data 文件夹

（5）打开 data 文件夹后，可以看到其中有一张 1.png 图像（见图 7-16）。该图像是本项目需要使用的图像。

图 7-16　1.png 图像

（6）单击浏览器左上角的"←"按钮（见图 7-17），返回上一页面。

（7）单击图 7-18 中的文件夹按钮，返回初始路径。

图 7-17　单击"←"按钮

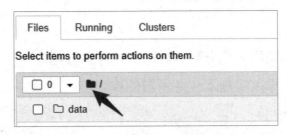

图 7-18　单击文件夹按钮

（8）返回初始路径后，单击页面右侧的"New"下拉按钮，在弹出的下拉列表中选择"Python 3"选项（见图 7-19），创建 Jupyter Notebook。

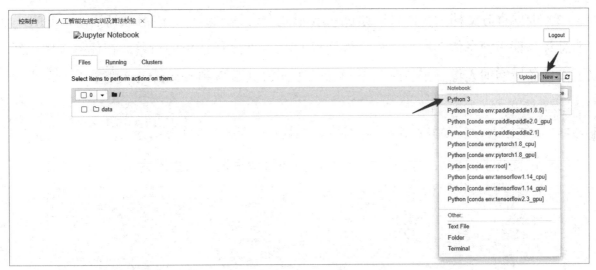

图 7-19　选择"Python 3"选项

（9）创建 Jupyter Notebook 后，即可在代码编辑块中输入代码。如果需要增加代码块，则单击功能区的"＋"按钮（见图 7-20）；如果需要运行代码块，则按快捷键"Shift+Enter"。

图 7-20　增加代码块

任务 2

调用人像分割 API

下面开始编辑程序，调用人像分割 API，实现人像分割。

（1）输入以下代码，导入实施本任务所需的库。

```
# 导入实施本任务所需的库
import requests                      # 发送请求
import cv2                           # 图像操作
import base64                        # 图像编码
import matplotlib.pyplot as plt      # 图像显示
```

（2）根据官方文档，我们可以通过 post 形式发送请求消息。该消息包括请求 URL、请求消息头与请求消息体 3 种。首先设置请求 URL，即发送请求的对象。在任务 1 中已经获取了本任务所需的人像分割 API 请求链接，下面将其赋值到 request_url 变量中。

```
#设置请求 URL
request_url = '输入在任务 1 中复制的人像分割 API 请求链接'
```

（3）设置请求消息头。根据官方文档，需要将请求消息头设置为 JSON 格式。

```
# 设置请求消息头
headers={
        "Content-Type": "application/json"
        }
```

（4）根据官方文档，请求消息体的参数为 image 或 url，指的是需要处理的图像。这里将请求消息体的参数设置为 image。image 参数要求图像的格式为 Base64 编码格式，并且图像在经过 Base64 编码后，数据大小不能超过 10MB。因此，通过以下程序将图像格式转换为 Base64 编码格式。

```
# 将图像格式转换为 Base64 编码格式
f = open('./data/1.png', 'rb')           # 以二进制的方式读取待预测图像
img = base64.b64encode(f.read())         # 将图像格式转换为 Base64 编码格式
```

（5）根据人像分割 API 的使用方法，我们可以输入正常人像图像，并且通过设置 type

参数，可以指定返回哪些结果图，从而避免浪费带宽。由于本项目需要对行人进行分割并计算行人数量，因此这里需要将 type 参数的值设置为 foreground。

```
#将图像传入参数
params = {"image":img,"type":"foreground"}
```

（6）通过 requests 库中的 post()函数输入请求消息体的相关参数，即可发送 post 请求。

```
# 发送 post 请求
response = requests.post(request_url, data=params, headers=headers)
print(response)
```

输出的响应信息如下。当返回的状态码为 200 时，表示请求成功，并且服务器成功处理了请求。

```
<Response [200]>
```

（7）查看响应信息。在 type 参数值为 foreground 的情况下，人像分割 API 返回参数的字段主要为 foreground、person_num、person_info。

```
#查看响应信息
if response:
    print (response.json())
```

运行上述程序，返回参数示例如下。

```
{'foreground': 'iVBOR……RK5CYII=', 'person_info': [{'score':
0.8562378, 'top': 170.50432, 'left': 262.67072, 'width': 63.97921,
'height': 167.23225}, ……, {'score': 0.27170312, 'top': 137.98721, 'left':
429.9033, 'width': 55.2172, 'height': 161.96927}], 'person_num': 16,
'log_id': 1706113927985290300}
```

其中，foreground 字段为分割后的人像前景图，具有透明背景，并且以 Base64 编码后的 png 格式呈现；person_info 字段为人体框信息，包括置信度，人体区域与上边界、左边界的距离，人体区域的高度和宽度；person_num 为检测到的人体框数量。

任务 3
结果可视化

（1）由于人像分割 API 返回的是 Base64 编码图像，难以直观地查看行人分割的效果，因此需要先提取出分割后的 Base64 编码图像数据，再将图像进行解码。

```
# 加载结果
data = response.json()
# 提取 Base64 编码图像数据
image = data['foreground']
# 解码 Base64 编码图像
image_data = base64.b64decode(image)
```

（2）将解码后的图像格式转换为 RGB 格式，并进行显示。

```
# 写入并保存图像
with open('行人分割结果图.png', 'wb') as f:
    f.write(image_data)
# 读取完整图像
sourceImg = cv2.imread('行人分割结果图.png',cv2.IMREAD_UNCHANGED)
# 将图像从 BGR 格式转换为 RGB 格式
srcImage_new = cv2.cvtColor(sourceImg, cv2.COLOR_BGRA2RGBA)
# 显示图像
plt.imshow(srcImage_new)
plt.show()
print('行人数量为'+str(data['person_num'])+'人')
```

行人分割结果如图 7-21 所示。

从图 7-21 中可以看出，我们顺利地对图像进行了分割操作并且输出了行人数量，但是其中部分人像没有被正确地分割和识别。通过对比原图（1.png），我们可以看到在部分靠近白色背景及当行人服装颜色与周围环境颜色相近时，图像无法被正确地分割。目前，行人分割技术存在以下几个难点。

（1）复杂的场景背景：在城市中，行人常常出现在复杂的场景中，如交通繁忙的路口、拥挤的街道等，这些背景可能会对行人分割产生干扰，使算法难以准确地检测和分割行人。

（2）行人外观的多样性：行人的外观因人而异，如不同的衣着和体型等，这些因素都会影响行人的视觉特征，增加算法识别行人和其他物体的难度。

（3）遮挡和重叠：行人之间可能会存在遮挡和重叠的情况，这些情况会使行人的边界模糊，增加算法准确分割行人的难度。

（4）光照和阴影：光照和阴影是行人分割中常见的问题，它们可能会使行人的视觉特征变得模糊，增加算法准确检测和分割行人的难度。

（5）数据集的不足：对行人分割任务而言，数据集的质量和数量对算法的性能有着巨大的影响。如果数据集中缺乏多样性和丰富性，算法可能无法泛化到不同的场景和行人外观。

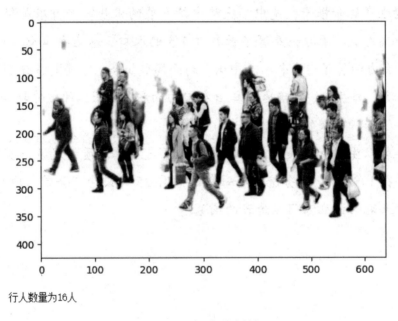

行人数量为16人

图 7-21　行人分割结果

拓展学习

建议学生以 2 人或 3 人为一个小组开展拓展学习，在实施过程中充分讨论，互相学习和验证，最终共同完成拓展学习任务。

拓展学习 1：本项目主要介绍了如何对图像进行行人分割操作，并对行人图像进行了分割操作。请查阅资料，了解是否还有其他图像分割 API，并填写表 7-3。

表 7-3　其他图像分割 API

序号	API 名称	API 功能描述	API 请求链接
1			
2			
3			

拓展学习 2：请编写程序，完成以下任务。

（1）采集 3 张不同时间拍摄的行人图像，时间分别为早晨、中午和傍晚。

（2）编写程序，对采集的 3 张图像进行行人分割处理。

（3）对比不同采集时间的行人图像的分割效果。

（4）提供上述 3 张图像的分割效果对比图。

思政课堂

落实耕地保护任务，守住我国耕地红线

耕地是粮食生产的命根子，是中华民族永续发展的根基。经过艰苦努力，我国以占世界 9%的耕地、6%的淡水资源，养育了世界近 1/5 的人口，从当年 4 亿人吃不饱到今天 14 亿多人吃得好，有力回答了"谁来养活中国"的问题。如今，通过图像分割技术可以将图像中的耕地进行分割，并快速、准确地测算出农田的面积、形状、种植作物等重要信息，为保护我国耕地提供了一种有效的方式。

土地是人类赖以生存和发展的重要物质基础，是支撑高质量发展、实现中国式现代化的重要保障。早在 1991 年，国务院就将每年的 6 月 25 日设为"全国土地日"，我国是世界上第一个为保护土地而设立专门纪念日的国家。

一、项目目标

在学习完本项目后，将自己对知识的掌握情况填入表 7-4，并对相应项目目标进行难度评估。评估方法：给相应项目目标后的☆涂色，难度系数范围为1～5。

表 7-4　项目目标自测表

项目目标	目标难度评估	是否掌握（自评）
了解图像分割的定义	☆☆☆☆☆	
熟悉图像分割的应用	☆☆☆☆☆	
熟悉图像分割的分类	☆☆☆☆☆	
熟悉图像分割云服务接口	☆☆☆☆☆	
掌握正确调用人像分割 API 的方法	☆☆☆☆☆	
了解严守耕地红线的重要性	☆☆☆☆☆	

二、项目分析

本项目介绍了图像分割的相关知识，并调用百度 AI 开放平台中的人像分割 API 实现了街道场景下多行人的分割操作。请结合分析，将项目具体实践步骤（简化）填入图 7-22 中的方框。

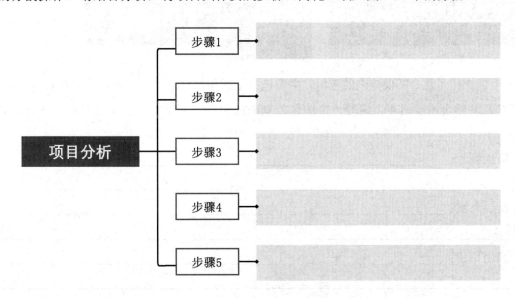

图 7-22　项目分析步骤

三、知识抽测

1. 请根据图像判断该任务是否属于图像分割。

□是 □否

□是 □否

□是 □否

2. 本项目介绍了几个图像分割的应用，主要包括遥感图像耕地地块分割、建筑钢材表面缺陷检测，请查阅资料，并结合所学内容，编写一个图像分割的应用案例，要求包含应用背景、解决方案和应用价值。

（1）应用背景：_____

_____。

（2）解决方案：_____

_____。

（3）应用价值：_____

_____。

3. 图像分割一般分为 3 种，请将对应的分割效果进行连线，并在横线处补充缺失内容。

实例分割：对图像中的_____进行分类，在默认情况下_____

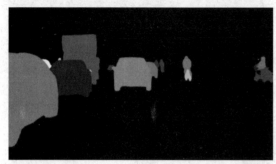

语义分割：对图像中的_____进行分类

全景分割：不仅需要区分图像中的_____，还需要区分_____

4. 请判断以下哪些属于百度 AI 开放平台人像分割 API 的功能。

☐ 返回人体坐标信息　　　　　☐ 支持多人像分割

☐ 统计人体框的概率分数　　　☐ 返回人体的 21 个主要关键点

☐ 统计画面中的人数　　　　　☐ 识别人体是否佩戴口罩

☐ 返回人体的性别　　　　　　☐ 返回分割结果图

5. 请将学习过的图像分割类 API 的名称及对应的功能描述进行连线。

室外场景分割 API　　　　　识别图像中的商品轮廓，并将其与背景进行分离，返回分割后的前景商品图像

商品分割 API　　　　　　　主要针对图像中的衣服进行像素级抠图，并返回抠图结果

服饰分割 API　　　　　　　对室外场景进行像素级抠图，覆盖天空、草地、地面、树木、花、山石、水、雪地、建筑物、人物等

四、实训抽测

1. 百度 AI 开放平台的人像分割 API 提供了 3 种不同的结果返回参数，请将对应的参数和描述进行连线。

foreground　　　　　　　二值图

labelmap　　　　　　　　人像前景图

scoremap　　　　　　　　人像前景灰度图

2. 百度 AI 开放平台人像分割 API 的返回参数如下，请根据返回的内容回答以下问题。

{'foreground': 'iVBOR……RK5CYII=', 'person_info': [{'score': 0.8562378, 'top': 170.50432, 'left': 262.67072, 'width': 63.97921, 'height': 167.23225}], 'person_num': 1, 'log_id': 1706113927985290300}

（1）person_info 参数的含义是＿＿＿＿＿＿＿＿＿＿＿＿＿＿＿＿＿＿＿＿。

（2）top 参数的含义是人体区域与上边界的距离；left 参数的含义是＿＿＿＿＿＿＿＿＿＿＿＿＿＿；
＿＿＿＿＿＿参数的含义是人体区域的宽度；＿＿＿＿＿＿参数的含义是人体区域的高度。

（3）请在图 7-23 中标出人体框的另外 3 个位置信息。

图 7-23　人像分割结果

3. 由于人像分割 API 返回的是 Base64 编码图像，难以直观地查看人像分割效果，因此需要通过以下代码进行处理，请在横线处补充缺失内容。

```
data = response.json()  # 加载结果
image = data['foreground']  # 提取图像数据
image_data = base64.b64decode(image)  # ＿＿＿＿＿图像数据
with open('行人分割结果图.png', 'wb') as f:  # 以＿＿＿＿＿模式打开图像
    f.write(image_data)  # 将图像＿＿＿＿文件 f 中
```

4. 本项目通过以下语句设置格式化输出检测到的行人数量，请查阅资料，是否还有其他格式化输出方法能够实现同样的效果，并编写对应的语句。

原语句：

```
print('行人数量为'+str(data['person_num'])+'人')
```

其他格式化输出方法：＿＿＿＿＿＿＿＿＿＿＿＿＿＿＿＿＿＿＿＿＿＿＿＿＿＿＿＿＿＿＿。

使用该方法对原语句进行修改：

＿＿＿

＿＿＿＿＿＿＿＿＿＿＿＿＿＿＿＿＿＿＿＿＿＿＿＿＿＿＿＿＿＿＿＿＿＿＿＿＿＿＿。

项目 8

基于 API 实现车牌识别

案例导入

随着科技的发展，汽车逐渐进入人们的视野，使得汽车保有量逐渐增加，随之而来的是城市车辆管理问题。车牌是快速确认车辆信息的途径，可以说车牌是车辆的"身份证"。为了对城市车辆进行管理，车牌识别的实现对车辆管理的重要性不言而喻。例如，在停车场管理中，为了更好地对车辆的进出及收费进行管理，需要在入口进行车牌识别，以确认车辆停放时间并计算停车费。新能源技术的快速发展，新能源汽车技术的成熟，使得市面上的新能源汽车越来越多。然而，新能源车牌的命名规则与传统车牌的命名规则不同，如新能源车辆标识的添加、新能源的号码牌增加了一位、底色不同等，使得以前的识别方式不能区别传统车辆和新能源车辆，从而增加了停车场对传统车辆和新能源车辆的管理难度。

思考：车牌识别算法除了可以应用于停车场管理，还有其他应用场景吗？

学习目标

（1）掌握文字识别的定义。

（2）熟悉文字识别的应用。

（3）了解文字识别云服务接口。

（4）掌握车牌识别 API 的使用方法。

（5）能够调用车牌识别 API 实现交通场景下的应用。

（6）培育创新意识。

项目描述

本项目要求基于上述案例场景，使用成熟的车牌识别云服务接口，对图 8-1（a）进行车牌识别操作。图 8-1 所示为车牌识别效果。

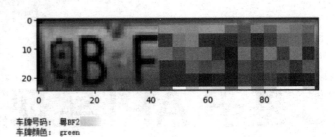

车牌号码：粤BF2
车牌颜色：green

（a）原图　　　　　　　　　　　　（b）识别结果

图 8-1　车牌识别效果

项目分析

本项目首先介绍文字识别的相关知识，然后介绍如何调用百度 AI 开放平台中的车牌识别 API 来实现交通场景下的应用，具体分析如下。

（1）掌握文字识别的定义，了解其在图像内容审核和金融远程身份认证中的应用。

（2）了解百度 AI 开放平台中有哪些文字识别 API。

（3）掌握车牌识别 API 的使用方法，能够对新能源汽车车牌进行识别，并对识别结果进行可视化显示。

知识准备

图 8-2 所示为基于 API 实现车牌识别的思维导图。

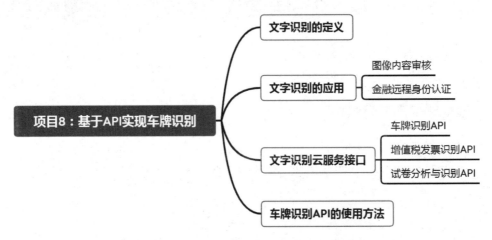

图 8-2　基于 API 实现车牌识别的思维导图

知识点 1：文字识别的定义

光学文字识别（Optical Character Recognition，OCR），即文字识别，是指通过电子设备（如扫描仪或数码相机）检查纸上打印的字符，并利用字符识别的方法将字符翻译成计算机文字的过程，即先对文本资料进行扫描，再对扫描文件进行分析处理，从而获取文字及版面信息的过程，如图 8-3 所示。简单来说，文字识别是识别和提取文本资料上文字的过程。文字识别利用计算机自动识别字符的技术，是模式识别应用中的一个重要领域。

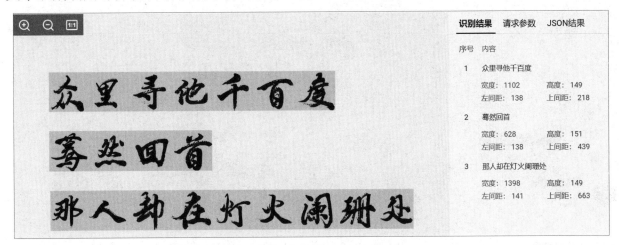

图 8-3　文字识别示例

知识点 2：文字识别的应用

文字识别涵盖通用类、票据类、证件类、定制类，典型的应用场景包括商品图像中的敏感词文字检测和识别、企业和个人证件信息的自动识别和提取、财务税票的文字检测和识别，以及文档或宣传资料中的文字检测识别等。由于深度学习和图像检测技术的发展，使得上述场景中文字的检测和识别效果越来越好、机器自动识别成为可能，从而助力企业提高生产力，降低运营成本。

1）图像内容审核

使用网络图像文字识别技术，可以实现对艺术字体或背景复杂的文字内容进行识别。同时，结合图像审核技术对图像或视频进行审核，识别其中存在的违规、广告内容，可以有效规避业务风险。这些技术可以应用于社交、电商、短视频和直播等场景。电商图像审核示例如图 8-4 所示。

2）金融远程身份认证

结合多种卡证识别技术，可以快速录入银行卡信息、个人信息及企业信息等。这种技术可以应用于支付绑卡、银行开户、贷款、征信评估等服务场景，有效降低用户手动输入成本，提升用户使用体验。银行卡识别示例如图 8-5 所示。

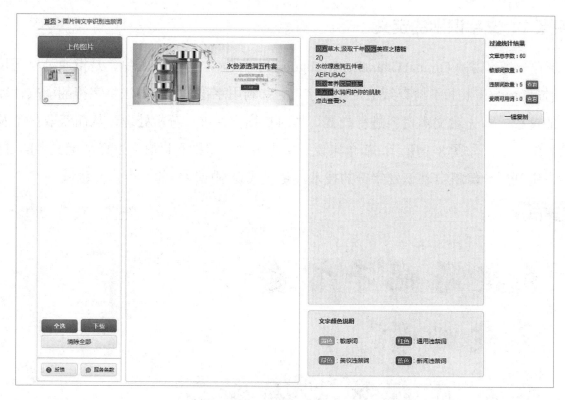

图 8-4　电商图像审核示例

图 8-5　银行卡识别示例

知识点 3：文字识别云服务接口

1）车牌识别 API

百度 AI 开放平台的车牌识别 API 能够识别中国各类机动车车牌信息，如图 8-6 所示。该 API 支持识别蓝牌、黄牌（单双行）、绿牌、大型新能源汽车黄绿车牌、领使馆车牌、警车车牌、武警车牌（单双行）、军车车牌（单双行）、港澳出入境车牌、农用车牌、民航车牌，并能同时识别图像中的多张车牌。

车牌识别 API 的特色优势如下。

● 多颜色识别：不仅可以识别机动车的车牌颜色，包括蓝色、绿色、黄色、白色等，还可以自动检测并识别车牌号码、车牌位置。

- 多车牌识别：支持识别同一张图像中的多张车牌，针对车牌占比过小情况进行专项优化，提升在路侧、监控高拍场景下的识别准确率。
- 夜间车牌识别：支持夜间、弱光场景下的车牌识别，针对复杂光线、车牌反光等情况进行专项优化。

图 8-6　车牌识别示例

车牌识别 API 能够应用于车辆进出场识别、交通违章检测等场景。

- 车辆进出场识别：自动识别车辆的车牌信息，应用于停车场、小区、工厂等场景，实现车辆进出场自动化管理，降低人力和通行卡证制作成本，提高管理效率。
- 交通违章检测：自动识别并定位违章车辆信息，实时记录交通违章行为，降低人力监控成本，提高管理效率。

2）增值税发票识别 API

百度 AI 开放平台的增值税发票识别 API 支持对增值税普票、专票、新版全国统一电子发票、卷票、区块链发票的所有字段进行结构化识别，包括发票基本信息、销售方及购买方信息、商品信息、价税信息等，如图 8-7 所示。同时，增值税发票识别 API 支持对增值税卷票的 21 个关键字段进行识别，包括发票类型、发票代码、发票号码、机打号码、机器编号、收款人、销售方名称、销售方纳税人识别号、开票日期、购买方名称、购买方纳税人识别号、项目、单价、数量、金额、税额、合计金额（小写）、合计金额（大写）、校验码、省、市，识别准确率可达 95%。

3）试卷分析与识别 API

百度 AI 开放平台的试卷分析与识别 API 可以对文档版面进行分析（见图 8-8），输出图表、表格、标题、文本的位置，以及分板块内容的文字识别结果。该 API 支持中英两种语言，支持手写和印刷文字的分类与识别，并且支持公式识别。

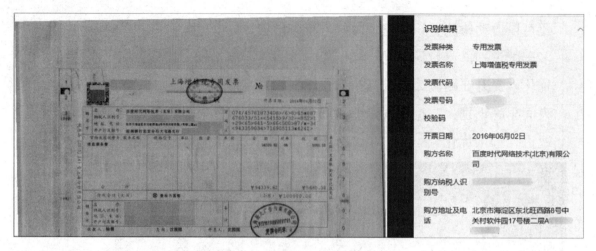

图 8-7　增值税发票识别示例

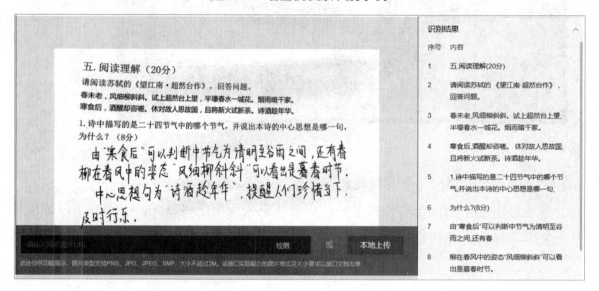

图 8-8　试卷分析与识别示例

知识点 4：车牌识别 API 的使用方法

下面介绍车牌识别 API 的使用方法。根据官方文档，我们可以通过 post 形式发送请求消息，其请求说明如表 8-1 所示。

表 8-1　车牌识别 API 请求说明

参数	是否必选	类型	说明
image	与 url 二选一	string	图像数据；先进行 Base64 编码，再进行 urlencode；要求图像在经过 Base64 编码和 urlencode 后，数据大小不能超过 4MB，并且图像的最短边至少为 15 像素，最长边不能超过 4096 像素；支持 jpg、png、bmp、jpeg 格式
url	与 image 二选一	string	图像的完整 URL；URL 的长度不能超过 1024KB；URL 对应的图像在经过 Base64 编码后，数据大小不能超过 4MB，并且图像的最短边至少为 15 像素，最长边不能超过 4096 像素；支持 jpg、png、bmp、jpeg 格式。当 image 参数存在时，url 参数会失效。 注意：需要关闭 URL 防盗链功能

参数	是否必选	类型	说明
multi_detect	否	string	设置是否检测多张车牌，默认为 false。当将该参数设置为 true 时，可以对一张图像中的多张车牌进行识别
multi_scale	否	string	在高拍等车牌较小的场景下可开启，默认为 false。当将该参数设置为 true 时，能够提高对较小车牌的检测和识别能力

调用车牌识别 API 后，其返回参数的字段及说明如表 8-2 所示。

表 8-2　车牌识别 API 返回参数的字段及说明

字段	是否必须	类型	说明
log_id	是	uint64	唯一的 log id，用于问题定位
words_result	是	array[]	识别结果数组
+ color	是	string	车牌颜色，包括 blue（蓝牌）、green（绿牌）、yellow（黄牌）、white（白牌）、black（黑牌）、yellow_green（大型新能源汽车黄绿车牌）、unknow（未知颜色）
+ number	是	string	车牌号码
+ probability	是	string	前 7 个数字为车牌中每个字符的置信度，第 8 个数字为平均置信度，区间为 0~1
+ vertexes_location	是	array[]	返回文字外接多边形的顶点位置
++ x	是	uint32	水平坐标（坐标 0 点为左上角）
++ y	是	uint32	垂直坐标（坐标 0 点为左上角）

项目实施

本项目针对一张停车场车牌识别系统采集的图像进行车牌识别操作，并展示实训成果。

实训目的： 通过实训掌握文字识别的实现方法，并将其应用到人工智能项目场景中。

实训要求： 学生以 2 人或 3 人为一个小组，在实训过程中充分讨论、学习和验证，最终共同完成实训任务。

目标成果： 车牌识别.ipynb、一张车牌识别前后对比图.png。

获取车牌识别 API 请求链接

（1）打开人工智能交互式在线学习及教学管理系统，进入控制台页面，单击"人工智能 API 库"选项中的"启动"按钮，启动人工智能 API 库，如图 8-9 所示。

图 8-9　启动人工智能 API 库

（2）启动人工智能 API 库后，在输入框中输入"车牌识别"并搜索，找到对应的 API 后，单击"复制"按钮，即可复制车牌识别 API 请求链接，如图 8-10 所示。保存该请求链接，以便在后续发送请求时使用。

图 8-10　复制车牌识别 API

（3）返回控制台页面，单击"人工智能在线实训及算法校验"选项中的"启动"按钮，启动人工智能在线实训及算法校验环境，如图 8-11 所示。

图 8-11　启动人工智能在线实训及算法校验环境

（4）启动人工智能在线实训及算法校验环境后，可以看到其中有一个名为 data 的文件夹（见图 8-12）。该文件夹中存储的是本项目需要处理的相关数据。这里可以单击 data 文件夹，打开该文件夹，查看其中的文件。

图 8-12　data 文件夹

（5）打开 data 文件夹后，可以看到其中有一张名为 1.png 的图像（见图 8-13）。该图像是本项目的图像数据文件。单击 1.png 图像，即可打开该图像。

图 8-13　1.png 图像

（6）单击浏览器左上角的"←"按钮（见图 8-14），返回上一页面。

（7）单击图 8-15 所示的文件夹按钮，返回初始路径。

图 8-14　单击 "←" 按钮

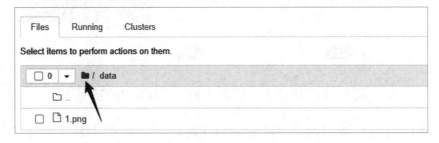

图 8-15　单击文件夹按钮

（8）返回初始路径后，单击页面右侧的 "New" 下拉按钮，在弹出的下拉列表中选择 "Python 3" 选项（见图 8-16），创建 Jupyter Notebook。

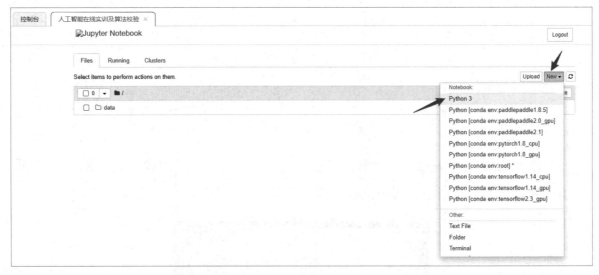

图 8-16　选择 "Python 3" 选项

（9）创建 Jupyter Notebook 后，即可在代码编辑块中输入代码。如果需要增加代码块，则单击功能区的 "＋" 按钮，如图 8-17 所示；如果需要运行该代码块，则按快捷键 "Shift+Enter"。

图 8-17　增加代码块

调用车牌识别 API

下面开始编辑程序,调用车牌识别 API,实现车牌识别。

(1)输入以下代码,导入实施本任务所需的库。

```
# 导入实施本任务所需的库
import requests
import cv2
import base64
import matplotlib.pyplot as plt
```

(2)根据官方文档,我们可以通过 post 形式发送请求消息。该消息包括请求 URL、请求消息头与请求消息体 3 种。首先定义请求 URL,即发送请求的对象。在任务 1 中已经获取了本任务所需的车牌识别 API 请求链接,下面将其赋值到 request_url 变量中。

```
#设置请求 URL
request_url = '输入在任务 1 中复制的车牌识别 API 请求链接'
```

(3)设置请求消息头。根据官方文档,当请求消息头为 x-www-form-urlencoded 格式时,需要通过 urlencode 格式化请求消息体。由于下面代码中使用的是 JSON 格式的,因此可以直接传入 JSON 格式的数据。

```
# 设置请求消息头
headers={"Content-Type": "application/json"}
```

(4)根据官方文档,请求消息体的参数为 image 或 url,指的是需要处理的图像。此处将请求消息体的参数设置为 image。image 参数要求图像格式为 Base64 编码格式,并且图像在经过 Base64 编码后,数据大小不能超过 4MB。因此,通过以下程序将图像格式转换为 Base64 编码格式。

```
# 将图像格式转换为 Base64 编码格式
f = open('./data/1.png', 'rb')    # 以二进制的方式读取待预测图像
img = base64.b64encode(f.read()) # 将图像格式转换为 Base64 编码格式
```

(5)完成格式转换后,将图像传入请求消息体所需的参数。

```
# 设置请求参数，并传入图像
params = {"image":img}
```

（6）完成请求消息体参数设置后，即可发送 post 请求。

```
# 发送 post 请求
response = requests.post(request_url, data=params, headers=headers)
```

（7）查看响应信息。该 API 的返回参数包含两个字段，分别为 log_id 和 words_result。

```
#查看响应信息
print(response)
if response:
    print (response.json())
```

运行上述程序，输出信息如下。其中，返回状态码为 200，表示请求成功，并且服务器成功处理了请求。response 的 JSON 格式返回的是字典形式，字典中的内容是车牌识别 API 返回的两个字段的信息。在 words_result 字段中，number 表示识别出来的车牌号码。

```
<Response [200]>
{'words_result': {'number': '粤BF2xxxx', 'vertexes_location': [{'x':
80, 'y': 136}, {'x': 179, 'y': 136}, {'x': 180, 'y': 161}, {'x': 80, 'y':
161}], 'color': 'green', 'probability': [0.9999353886, 0.999686718,
0.9999744892, 0.9999693632, 0.9999147654, 0.9999063015, 0.9998865128,
0.9989539385, 0.9997783899]}, 'log_id': 1632552579326492598}
```

这里 number 显示的车牌号码是粤 BF2xxxx，与任务 1 中 1.png 图像的车牌号码一致。color 返回了 green，表示新能源车牌，也与任务 1 中 1.png 图像的车牌颜色一致。probability 返回了 9 个置信度。因为新能源汽车的车牌号码比传统汽车的车牌号码多一位数字，所以前 8 个置信度是车牌号码中每个字符的置信度，最后一个才是平均的置信度。由此可以看出，每个字符的置信度都达到了 99.9%。

任务 3

结果可视化

（1）读取图像，并将图像格式转换为 RGB 格式。

```
sourceImg = cv2.imread('./data/1.png') # 读取图像
# 将图像从 BGR 格式转换为 RGB 格式
srcImage_new = cv2.cvtColor(sourceImg, cv2.COLOR_BGR2RGB)
```

（2）在任务 2 中成功调用并获取返回数据后，首先将 vertexes_location 字段中的坐标字典放入 list 列表，其次利用循环将相同键的值放入对应的列表，即将 x 值放入 list_x 列表，将 y 值放入 list_y 列表，并对这两个列表中的坐标值进行排序，再次从目标区域中提取所需的数据，最后进行结果可视化，从而查看车牌识别效果。

```
data_key1='x'
data_key2='y'
#定义空列表，用于存放坐标
list=[]
list_x=[]
list_y=[]
#将字典中的坐标放入对应的列表并进行排序
for item in response.json()['words_result']['vertexes_location']:
    list.append(item)
    for key in item.keys():
        if key == data_key1:
            list_x.append(item[key])
            list_x.sort()
        else:
            list_y.append(item[key])
            list_y.sort()
#提取图像
srcImage_final=srcImage_new[list_y[0]:list_y[3],list_x[0]:list_x[3]]
# 显示图像
plt.imshow(srcImage_new)
plt.show()
```

```
#打印车牌号码
print("车牌号码: ",response.json()['words_result']['number'])
print("车牌颜色: ",response.json()['words_result']['color'])
```

运行上述程序，可视化识别结果如图 8-18 所示。由图 8-18 可知，程序已经顺利地把图像中的车牌区域提取出来并以文字形式输出车牌号码和车牌颜色，识别准确度高。

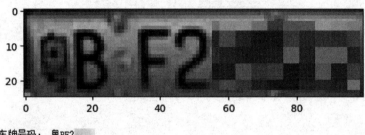

车牌号码: 粤BF2
车牌颜色: green

图 8-18　可视化识别结果

拓展学习

建议学生以 2 人或 3 人为一个小组开展拓展学习，在实施过程中充分讨论，互相学习和验证，最终共同完成拓展学习任务。

拓展学习 1：本项目主要介绍了如何对图像进行文字识别，对车牌进行识别、提取车牌区域，以及打印车牌信息。请查阅资料，了解是否还有其他文字识别 API，并填写表 8-3。

表 8-3　文字识别 API

序号	API 名称	API 功能描述	API 请求链接
1			
2			
3			

拓展学习 2：请编写程序，完成以下任务。

（1）采集 4 张不同颜色并包含车牌号码的图像。

（2）编写程序，对采集的 4 张图像进行车牌识别。

（3）对比不同颜色的车牌号码的平均置信度。

（4）提供上述 4 张图像的车牌识别对比图。

思政课堂

培养创新意识，共创美好中华

本项目中介绍的车牌识别是文字识别的一个重要应用。随着科技的不断进步，各种技术也在不断创新和发展。创新才能把握时代、引领时代，党的十八大以来，我国各方面创新层出不穷，为经济社会发展提供了澎湃动能。仰望寰宇有"嫦娥"奔月、"问天"落火，逐梦海疆有"深海勇士"号、"奋斗者"号深潜，科技创新拓展认知边界；敦煌研究院通过数字孪生技术还原洞窟壁画、让文物"重现"；三星堆博物馆运用增强现实、混合现实技术为游客提供沉浸式体验，文化创新增强文化自信……

创新思维能力就是破除迷信、超越陈规，善于因时制宜、知难而进、开拓创新的能力。提高创新思维能力，就是要有敢为人先的锐气，打破迷信经验的束缚思维。不断提高创新思维能力，保持守正不守旧、尊古不复古的进取精神，涵养不惧新挑战、勇于接受新事物的无畏品格，大胆创新、大胆尝试，我们一定能不断谱写"惟创新者进，惟创新者强，惟创新者胜"的更辉煌篇章。

一、项目目标

在学习完本项目后，将自己对知识的掌握情况填入表 8-4，并对相应项目目标进行难度评估。评估方法：给相应项目目标后的☆涂色，难度系数范围为1～5。

表8-4　项目目标自测表

项目目标	目标难度评估	是否掌握（自评）
掌握文字识别的定义	☆☆☆☆☆	
熟悉文字识别的应用	☆☆☆☆☆	
了解文字识别云服务接口	☆☆☆☆☆	
掌握车牌识别 API 的使用方法	☆☆☆☆☆	
能够调用车牌识别 API 实现交通场景下的应用	☆☆☆☆☆	
培育创新意识	☆☆☆☆☆	

二、项目分析

本项目介绍了文字识别的相关知识，并调用了百度 AI 开放平台中的车牌识别 API。请结合分析，将项目具体实践步骤（简化）填入图 8-19 中的方框。

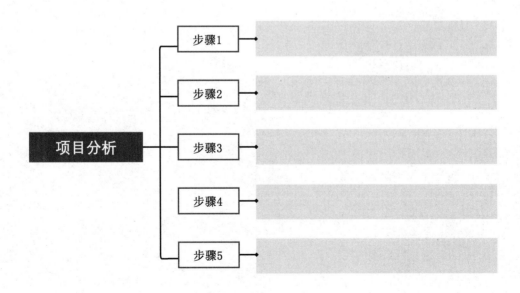

图 8-19　项目分析步骤

三、知识抽测

1. 请根据图像判断该任务是否属于文字识别任务。

地址元素标签	结构化文本
POI信息	东兴路153号龙岩市第二医院
省级行政区划	福建省
地市级行政区划	龙岩市
区县级行政区划	新罗区
街道/乡镇行政区划	东城街道
人名	张三
电话号码	18000000000-0000

龙岩市新罗区东兴路153号龙岩市第二医院，18000000000-0000张三

换个示例　　　　　　　　自定义测试

□是　□否

质量还可以，宝宝穿着说挺舒服的，就是味道很大，还发描鞋了，要的春秋款结果发的夏款。

可视化结果　　JSON代码

质量　☺　　　　　　　　　　　满意度：100.00%
整体　☺　　　　　　　　　　　满意度：100.00%
异味/气味　☹　　　　　　　满意度：4.00%

□是　□否

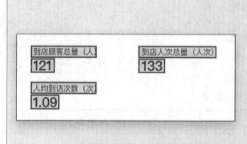

编号	识别结果
1	到店顾客总量（人）
2	121
3	到店人次总量（人次）
4	133
5	人均到访次数（次）
6	1.09

□是　□否

2．本项目介绍了几个文字识别的应用，主要包括图像内容审核、金融远程身份认证，请查阅资料，并结合所学内容，编写一个文字识别的应用案例，要求包含应用背景、解决方案和应用价值。

（1）应用背景：_____

_____。

（2）解决方案：_____

_____。

（3）应用价值：_____

_____。

3．请判断以下哪些内容属于百度 AI 开放平台车牌识别 API 的功能。

□ 支持非机动车车牌识别　　　　　□ 支持大型新能源车牌识别

□ 返回车牌字符的平均置信度　　　□ 支持图像中多张车牌识别

□ 统计全图内的车辆数量　　　　　□ 返回车牌的坐标位置

□ 返回车牌颜色　　　　　　　　　□ 返回车牌中每个字符的置信度

四、实训抽测

1．请补充最后一行代码，通过 post 形式发送调用百度 AI 开放平台车牌识别 API 的请求。

```
#设置请求 URL
request_url = '输入在任务 1 中复制的车牌识别 API 请求链接'
```

```
# 设置请求消息头
headers={"Content-Type": "application/json"}
# 将图像格式转换为Base64编码格式
f = open('./data/1.png', 'rb')     # 以二进制的方式读取待预测图像
img = base64.b64encode(f.read()) # 将图像格式转换为Base64编码格式
# 设置请求参数，传入图像
params = {"image":img}
# 发送post请求
```

2. 以下为车牌识别 API 的返回信息，请从中圈出车牌粤 BF2xxxx 的置信度。

```
<Response [200]>
{'words_result': {'number': '粤BF2xxxx', 'vertexes_location': [{'x':
80, 'y': 136}, {'x': 179, 'y': 136}, {'x': 180, 'y': 161}, {'x': 80, 'y':
161}], 'color': 'green', 'probability': [0.9999353886, 0.999686718,
0.9999744892, 0.9999693632, 0.9999147654, 0.9999063015, 0.9998865128,
0.9989539385, 0.9997783899]}, 'log_id': 1632552579326492598}
```

3. 百度 AI 开放平台的车牌识别 API 能够识别多种车牌颜色，请你查阅资料，填写表 8-5。

表 8-5　车牌颜色及对应汽车类别

序号	车牌颜色	对应汽车类别
1		小型汽车
2	green	新能源汽车
3		中型及以上汽车
4	white	
5	black	
6	yellow_ green	

进阶篇　开发计算机视觉模型

　　基础篇围绕智能交通领域展开了计算机视觉云服务接口的应用实践，本篇将在此基础上深入讲解计算机视觉四大任务（图像分类、目标检测、图像分割和文字识别）的典型算法和评估指标，指导读者使用深度学习框架开发计算机视觉模型，实现智能电子商务应用。我国电子商务已深度融入生产生活各领域，在经济社会数字化转型方面发挥了重要作用。《"十四五"电子商务发展规划》指出，通过自主创新、原始创新，提升企业核心竞争力，推动5G、大数据、物联网、人工智能、区块链、虚拟现实/增强现实等新一代信息技术在电子商务领域的集成创新和融合应用。为此，本篇将围绕智能电子商务（以下简称电商）展开实践，复现服饰分类、商品检测、服饰分割、商品图像文字识别案例。

项目 9

基于 ResNet 实现服饰分类

案例导入

随着电商平台的快速发展，越来越多的人选择在电商平台（如京东、淘宝、拼多多等）上购物。服饰在电商平台上的种类多种多样，并且数量庞大。在电商销售活动中，服饰推荐方法主要基于用户的历史行为数据和服饰属性信息（如颜色、款式、品牌等）。为了方便用户检索，我们需要对电商平台上的服饰进行识别和分类。

思考：可以使用什么技术来对服饰进行识别和分类呢？

学习目标

（1）掌握基于传统机器学习的图像分类方法。

（2）掌握基于深度学习的图像分类方法。

（3）熟悉深度学习图像分类算法——ResNet。

（4）掌握图像分类模型的评估指标。

（5）能够训练 ResNet 模型实现服饰分类。

（6）能够将图像分类模型部署到服务端。

（7）培育人类命运共同体理念，了解"一带一路"。

项目描述

本项目要求基于上述案例场景，通过 paddlepaddle 框架训练一个 ResNet 模型，使其能够对图像中的服饰进行识别，并输出对应的类别标签及置信度，如图 9-1 所示。

服饰的类别为：dress 概率为：0.6824278235435486

原图　　　　　　　　　　　识别后的图像

图 9-1　识别效果

项目分析

本项目首先介绍图像分类的进阶知识，然后介绍如何训练 ResNet 模型来实现服饰识别，具体分析如下。

（1）学习基于传统机器学习和基于深度学习的图像分类方法，理解这两类方法的优缺点和不同之处。

（2）掌握典型的深度学习图像分类算法 ResNet 的核心思想。

（3）学习 6 个常见的图像分类模型的评估指标。

（4）能够分析图像分类数据集的结构，并加以利用。

（5）能够基于 paddlepaddle 框架加载 ResNet50 模型，并进行训练。

（6）能够使用精确率评估模型效果，并将最佳模型部署到服务端。

知识准备

图 9-2 所示为基于 ResNet 实现服饰分类的思维导图。

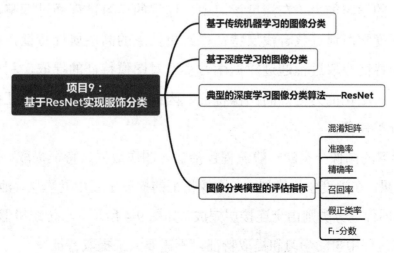

图 9-2　基于 ResNet 实现服饰分类的思维导图

知识点 1: 基于传统机器学习的图像分类

图像分类的主要问题是如何从图像中提取内在、本质的特征，而传统机器学习方法往往采用手动设计的特征提取器或特征学习算法从图像中提取特征，如图 9-3 所示。

图 9-3　基于传统机器学习的图像分类的流程 1

（1）输入图像数据：图像分类的开始阶段，通常涉及图像的采集和预处理。预处理步骤可能包括图像归一化、转换色彩空间等，以提高后续步骤的效率和准确性。

（2）特征提取：提取图像中有用的信息，如颜色、形状、纹理等。一些常见的传统特征提取方法包括 SIFT（尺度不变特征转换）、HOG（直方图方向梯度）、LBP（局部二值模式）等。在传统机器学习方法中，特征的选择和提取是必不可少的一步。然而，好的特征往往需要基于领域知识和相关经验来选择，并且这个过程往往需要人工完成，耗时耗力。

（3）训练传统机器学习模型：使用提取的特征向量训练一个传统的机器学习模型，如支持向量机（SVM）、决策树、K 最近邻等。传统机器学习模型通常具有很好的可解释性，可以容易地理解模型的工作原理。

（4）输出分类结果：通过训练好的分类模型对输入的图像数据进行分类，从而得到分类结果。

知识点 2: 基于深度学习的图像分类

传统机器学习方法根据人类认知采用启发式方式设计图像特征提取器，尽管其在一定程度上是对人类认知过程的模仿，但是没有充分发挥模型的学习能力。然而，深度学习充分发挥了模型的学习能力。在深度学习中，模型的学习过程通过调整参数，使模型完成特定任务。深度学习通过整合浅层特征得到更抽象的高层属性特征，从而获取图像的特征表示。这种特征提取过程通过数据学习实现对图像特征的提取，利用大量样本学习获得鲁棒性更强、泛化能力更好的图像特征，因此基于深度学习的特征提取方法可以更好地完成图像分类任务。

基于深度学习的图像分类的一般流程包括输入图像数据、特征提取、训练深度学习模型、输出分类结果。在深度学习模型中，图像特征的提取主要由卷积层、池化层、激活函数等共同完成，而图像的分类则由全连接层完成，如图 9-4 所示。与传统机器学习相比，深度学习可以在训练过程中自动学习和提取特征，不需要人工提取特征。

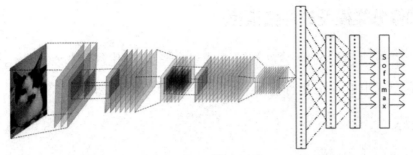

卷积神经网络特征提取（卷积→池化→卷积→池化）　　全连接层　　分类结果

图 9-4　基于深度学习的图像分类的一般流程

深度学习方法的缺点是需要大量的数据进行模型训练，否则很容易导致模型过拟合。此外，深度学习模型的可解释性差，不能从理论上对深度学习模型的有效性进行解释。深度学习模型对计算资源要求较高，需要一定规模的 GPU 才能完成大量数据的训练。

知识点 3：典型的深度学习图像分类算法——ResNet

典型的深度学习图像分类算法包括 LeNet5、AlexNet、GoogLeNet、VGGNet、ResNet、SeNet 等。这里重点介绍本项目所使用的算法——ResNet。

ResNet（Residual Network，残差网络）于 2015 年被提出，在 ImageNet 比赛的图像分类任务中获得第一名。因为 ResNet 既简单又实用，所以很多后续方法都是基于 ResNet50 或 ResNet101 完成的。ResNet 的提出是卷积神经网络图像识别领域的里程碑事件。在图像检测、分割、识别等领域中，ResNet 被广泛使用，这表明 ResNet 具有重要作用。

在以往的模型中，随着网络层次的加深，导致出现梯度消失现象的概率大大增加。梯度消失指的是当模型的深度过大时，模型浅层的权重更新速率慢于深层的权重更新速率，导致随着模型深度增加，模型的性能反而下降。为此，ResNet 提出了一个非常有效的结构来解决梯度消失的问题，该结构就是残差块（Residual Block）。

ResNet 模型的残差块结构如图 9-5 所示。其中，每个残差块都包含两个部分：一是主通路（Main Path），即普通的卷积神经网络的部分；二是一个跳跃连接（Skip Connection），它直接连接该残差块的输入和输出，从而形成一个"捷径"，将输入直接传递给输出。在反向传播时，这种结构可以有效地保持梯度，使得网络可以更容易地进行训练。另外，这种残差块是可以重复堆叠的。正是因为这个特性，我们可以构建出非常深的网络模型，如 ResNet152，它有 152 层深。

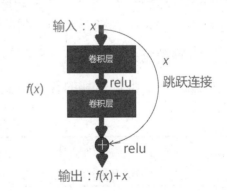

图 9-5　ResNet 模型的残差块结构 1

知识点 4：图像分类模型的评估指标

在人工智能领域，模型的应用效果需要通过一些可量化的指标来对模型的性能进行评估。不同的模型，使用的评估指标有所不同。下面介绍用于图像分类模型的评估指标。

1）混淆矩阵

首先介绍 P、N、T、F 这 4 个符号的含义，如表 9-1 所示。

表 9-1　P、N、T、F 符号的含义

符号	含义
P（Positive）	预测值为正例
N（Negative）	预测值为反例，记为 N（Negative）
T（True）	预测值与真实值相同
F（False）	预测值与真实值相反，记为 F（False）

从上述内容可知 TP、TN、FP、FN 这 4 个符号的含义，如表 9-2 所示。

表 9-2　TP、TN、FP、FN 符号的含义

符号	含义
TP	预测值与真实值相同，预测值为正样本（真实值为正样本）
TN	预测值与真实值相同，预测值为负样本（真实值为负样本）
FP	预测值与真实值不同，预测值为正样本（真实值为负样本）
FN	预测值与真实值不同，预测值为负样本（真实值为正样本）

了解以上符号的含义之后，将这些符号用 n 行 n 列的矩阵来表示，即可形成混淆矩阵。混淆矩阵（Confusion Matrix）也被称为误差矩阵，是精度评价的一种标准格式。混淆矩阵的每一行表示一种预测类别，每一行的数据总数表示预测为该类别的数据的数量；每一列表示一种数据的真实归属类别，每一列的数据总数表示该类别的数据实例的数量。以二分类问题为例，混淆矩阵的含义如表 9-3 所示。

表 9-3　二分类的混淆矩阵含义

真阳性（TP）	假阳性（FP）
预测值为真，实际值为真	预测值为真，实际值为假
假阴性（FN）	真阴性（TN）
预测值为假，实际值为真	预测值为假，实际值为假

举个例子，某个智能芯片划痕识别模型经过测试，输出如表 9-4 所示的混淆矩阵。

表 9-4　智能芯片划痕识别模型的混淆矩阵 1

预测值	实际值	
	有划痕	无划痕
有划痕	28	4
无划痕	6	62

由表 9-4 可知，在输入的 100 个数据中，模型将 4 个实际上"无划痕"的数据错误地识别为"有划痕"了，因此 FP 为 4。

2）准确率

准确率（Accuracy）是最常见的评估指标，是预测正确的样本数量除以所有样本数量的比例。一般来说，准确率越高，分类器越好。准确率的计算公式如下。

$$Accuracy = \frac{TP + TN}{TP + TN + FP + FN}$$

在上方公式中，分子表示被正确预测为正样本的数量与被正确预测为负样本的数量的总和，分母表示总样本的数量。

3）精确率

精确率（Precision）是从预测结果的角度来统计的，指在所有预测为正样本的样本中实际为正样本的比例，即"找得对"的比例。精确率的计算公式如下。

$$Precision = \frac{TP}{TP + FP}$$

在上方公式中，分母表示所有预测为正样本的样本数量，分子表示预测正确的正样本数量。本项目将使用精确率作为评估指标来判断模型的性能。

4）召回率

召回率（Recall）和真正类率（True Positive Rate，TPR）是同一个概念，指在所有正样本中预测正确的比例，即"找得全"的比例。召回率的计算公式如下。

$$Recall = \frac{TP}{TP + FN}$$

在上方公式中，分母表示所有真正为正样本的样本数量，分子表示预测正确的正样本数量。

5）假正类率

假正类率（False Positive Rate，FPR），指在所有的负样本中被错误预测为正样本的比例，这个值往往越小越好。假正类率的计算公式如下。

$$FPR = \frac{FP}{FP + TN}$$

在上方公式中，分母表示实际样本中所有负样本数量的总和，分子表示被判断为正样本的负样本数量。

6）F_1-分数

F_1-分数（F_1-Score）统筹了分类模型的精确率和召回率，它认为召回率和精确率一样重要。在一些多分类问题的机器学习比赛中，人们经常把 F_1-分数作为最终测评方法。

F_1-分数是模型精确率和召回率的调和平均数，最大值为 1，最小值为 0。F_1-分数的计算公式如下。

$$F_1 = \frac{2TP}{2TP + FP + FN}$$

此外，图像分类模型的评估指标有 F_2-分数和 $F_{0.5}$-分数。其中，F_2-分数认为召回率的重要程度是精确率的 2 倍，而 $F_{0.5}$-分数认为召回率的重要程度是精确率的 1/2 倍。

项目实施

本项目将针对服饰图像进行图像识别操作，并展示实训成果。

实训目的：通过实训掌握基于 ResNet 模型的图像识别的实现方法，并将其应用到人工智能项目中。

实训要求：学生以 2 人或 3 人为一个小组，在实训过程中充分讨论、学习和验证，最终共同完成实训任务。

目标成果：基于 ResNet 实现服饰分类.ipynb、服饰分类结果图.jpg。

任务1

查看服饰分类数据集

本任务将首先介绍实验数据集的结构，然后介绍训练集、测试集、验证集的划分比例，最后介绍标签文件的内容格式。

（1）打开人工智能交互式在线学习及教学管理系统，进入控制台页面，单击"人工智能在线实训及算法校验"选项中的"启动"按钮，启动人工智能在线实训及算法校验环境，如图9-6所示。

图 9-6　启动人工智能在线实训及算法校验环境

（2）启动人工智能在线实训及算法校验环境后，可以看到其中有一个名为 data 的文件夹（见图9-7）。该文件夹中存储的是本项目需要处理的相关数据。这里可以单击 data 文件夹，打开该文件夹，查看其中的文件。

图 9-7　data 文件夹

（3）打开 data 文件夹后，可以看到如下文件结构。dress 和 pants 文件夹中存储的是用于模型训练的图像，其中 dress 文件夹中包含 130 张裙子的图像，pants 文件夹中包含 129 张裤子的图像，共 259 张图像；test.jpg 是用于测试模型效果的图像，这里可以使用其他表示裙子或裤子的图像；img_label.txt 是训练集对应的标签列表；train_list.txt、validate_list.txt、test_list.txt 这 3 个文件按照 6∶2∶2 的比例，将 259 张图像划分为训练集、验证集和测试集。训练集作为模型的输入数据，用于让模型学习相关的数据特征。验证集用于评估模型，其结果作为调整模型参数的依据。当找到最佳模型后，则使用测试集进行最终的测试。

```
├─dress
│  ├─dress_1.jpg
│  ├─dress_2.jpg
│  ├─dress_3.jpg
│  ├─dress_4.jpg
│  ……
│  └─dress_130.jpg
├─pants
│  ├─pants_1.jpg
│  ├─pants_2.jpg
│  ├─pants_3.jpg
│  ├─pants_4.jpg
│  ……
│  └─pants_129.jpg
├─test.jpg
├─img_label.txt
├─test_list.txt
├─train_list.txt
└─validate_list.txt
```

（4）单击其中一个文件，打开该文件，即可查看该文件中的详细内容。以 img_label.txt 为例，单击该文件，打开该文件即可看到如图 9-8 所示的内容。其中，dress/dress_59.jpg 0 表示 dress 文件夹下名称为 dress_59 的图像对应的标签为 0，即裙子；pants/pants_34.jpg 1 表示 pants 文件夹下名称为 pants_34 的图像对应的标签为 1，即裤子。

图 9-8　img_label.txt 中的内容

（5）单击浏览器左上角的"←"按钮（见图 9-9），返回上一页面。

图 9-9　单击"←"按钮

（6）单击文件夹按钮，返回初始路径。

（7）返回初始路径后，单击"New"下拉按钮，在弹出的下拉列表中选择"Python [conda env:paddlepaddle2.4]"选项（见图 9-10），创建 Jupyter Notebook。

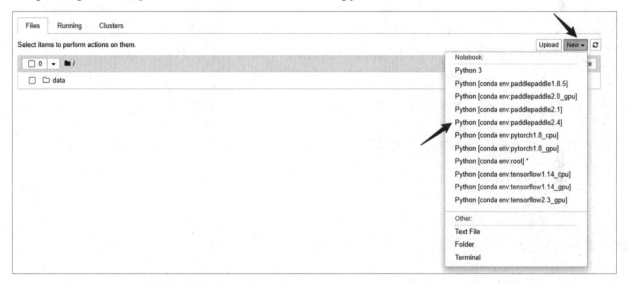

图 9-10　选择"Python [conda env:paddlepaddle2.4]"选项

（8）创建 Jupyter Notebook 后，单击"Untitled"按钮，输入"服饰分类"，单击"Rename"按钮进行重命名，如图 9-11 所示。

图 9-11　重命名

（9）创建 Jupyter Notebook 后，即可在代码编辑块中输入代码。如果需要增加代码块，则单击功能区的"＋"按钮，如图 9-12 所示。

图 9-12　增加代码块

任务 2

加载服饰分类数据集

任务 1 中介绍了数据集的结构、标签文件、训练集、测试集及验证集,下面介绍如何通过 PaddlePaddle 的数据加载器来搭建自己的数据加载器,并对加载的数据进行规范化。

(1)导入实施本任务所需的库。

```
#导入实施本任务所需的库
import os  #处理文件
import paddle  #百度的深度学习环境
import paddlehub as hub  #百度的模型仓库
import paddlehub.vision.transforms as T  #对图像进行预处理
from paddlehub.finetune.trainer import Trainer #对数据进行微调
```

(2)深度学习模型需要大量的数据来完成训练和评估,而数据在被送入模型之前需要经过一系列处理,如转换数据格式、划分数据集、制作数据迭代读取器等。在实际的场景中,一般需要使用自定义的数据集,这里建议将数据集的读取与处理封装成 PaddlePaddle 的数据集加载方案。PaddlePaddle 的数据集加载方案统一使用了 Dataset(数据集定义)+ DataLoader(多进程数据集加载)方式,可以提高数据集加载和处理的效率,从而加速模型的训练。通过将数据封装到数据集加载方案中,可以充分利用这些性能优势,进一步提高模型训练的效率。另外,数据集加载方案可以帮助用户自动执行常见的数据预处理操作,如图像增强、数据归一化等。通过将数据封装到数据集加载方案中,可以避免每次在使用数据时重复进行这些操作。

(3)通过 paddle.io.Dataset 基类定义数据读取器,实现数据集加载方案。首先构建一个子类,如 DemoDataset(继承自 paddle.io.Dataset),然后实现下面的 3 个函数。

- __init__():完成数据集初始化操作,将磁盘中的样本文件路径和对应标签映射到一个列表中。
- __getitem__():定义当指定索引(Index)时如何获取样本数据,最终返回对应索引的单条数据(样本数据、对应标签)。
- __len__():返回数据集的样本总数。

定义数据读取器的具体代码如下。

```python
#定义数据读取器
class DemoDataset(paddle.io.Dataset):
    """
    1.继承paddle.io.Dataset类
    """
    def __init__(self, transforms, num_classes=4, mode='train'):
        """
        2.实现__init__()函数，用于初始化数据集
        """
        #dataset_dir为数据集实际路径，需要填写完整路径
        self.dataset_dir = "./data"
        #传入定义好的数据处理方法，以便后续在处理数据时使用
        self.transforms = transforms
        self.num_classes = num_classes
        self.mode = mode

        #判断self.mode是什么状态并找到对应文件
        if self.mode == 'train':
            self.file = 'train_list.txt'
        elif self.mode == 'test':
            self.file = 'test_list.txt'
        else:
            self.file = 'validate_list.txt'
            print(os.path.join(self.dataset_dir , self.file))
        self.file = os.path.join(self.dataset_dir , self.file)
        self.data = []

        #读取指定的文件，并将文件中的非空行添加到列表中
        with open(self.file, 'r') as f:
            for line in f.readlines():
                line = line.strip()
                if line != '':
                    self.data.append(line)

    def __getitem__(self, idx):
        """
        3.实现__getitem__()函数，用于获取数据
        """
        #根据索引，从列表中取出一张图像
        img_path, label = self.data[idx].split(' ')
```

```
        img_path = os.path.join(self.dataset_dir, img_path)
        im = self.transforms(img_path)
        return im, int(label)    #返回图像和对应标签


    def __len__(self):
        """
        4.实现__len__()函数，用于返回数据集的样本总数
        """
        return len(self.data)
```

（4）定义完数据读取器后，需要先使用 T.Compose()函数对图像数据进行处理，再训练模型。T.Compose()函数的参数说明如下。

- T.Resize：指定图像的尺寸，并将所有样本数据统一处理成该尺寸。
- T.CenterCrop：对图像进行裁剪，并保持图像中心点不变。
- T.Normalize：对所有图像数据进行归一化处理。在训练数据中，图像的大小、亮度、对比度、颜色等方面可能存在很大的差异，这可能会导致模型学习一些不必要的特征，而忽略了真正有用的信息。通过对图像进行归一化处理，可以增强训练数据的一致性，使模型更容易学习到真正有用的特征。另外，对图像进行归一化处理还可以增强模型的泛化能力，从而提高训练效率。

```
#处理数据
transforms = T.Compose(
    [T.Resize((256, 256)),                           #统一图像尺寸
     T.CenterCrop(224),                              #裁剪图像
     T.Normalize(mean=[0.485,0.456,0.406],  #归一化图像
              std=[0.229,0.224,0.225])],
    to_rgb=True)
```

（5）在上述代码中，T.Normalize 用于归一化图像，其中 mean 参数表示每个通道上所有数值的平均值，std 参数表示每个通道上所有数值的标准差。std 参数中的具体数据是根据数百万张图像计算得出的。如果要在自己的数据集上从头开始训练，则可以重新计算新的平均值和标准差。注意：无须在代码框中输入下列代码。

```
T.Normalize(mean=[0.485,0.456,0.406], std=[0.229,0.224,0.225])]
```

（6）处理数据后，将数据集划分为训练集、验证集和测试集。

```
#划分数据集
trappings_train = DemoDataset(transforms)
trappings_validate = DemoDataset(transforms, mode='val')
trappings_test = DemoDataset(transforms, mode='test')
```

（7）划分数据集后，可以查看其数据量。

```
#查看数据量
print(
    'trappings_train: ',len(trappings_train),
    'trappings_validate: ',len(trappings_validate),
    'trappings_test: ',len(trappings_test)
)
```

输出结果如下。

```
trappings_train:  155 trappings_validate:  52 trappings_test:  52
```

由输出结果可知，训练集中有 155 张图像，验证集和测试集中各有 52 张图像。

（8）读取其中一张图像并进行显示，查看数据处理后的效果。

```
#读取并显示数据
from matplotlib import pyplot as plt          #导入用于显示图像的库
for data in trappings_train:                  #读取训练集中的图像
    image, label = data
    print('shape of image: ',image.shape)     #打印图像的大小
    plt.title(str(label))                      #设置图像的标题为与之对应的标签
    plt.imshow(image[0])                       #显示图像
    break
```

输出结果如图 9-13 所示。

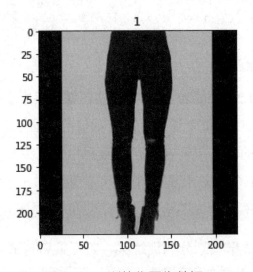

图 9-13　训练集图像数据

由图 9-13 可知，图像的大小被成功裁剪为 224 像素×224 像素，并且从颜色上可以看出，图像已经成功进行了归一化处理。图像标题为 1，如上文所述，标签 1 表示裤子。

任务 3

训练服饰分类模型

（1）使用百度的 paddlehub 模型库导入 ResNet50 模型。其中，name 表示模型名字，label_list 表示数据标签，需要与数据集的标签一致。若此步执行成功，则提示 load pretrained parameters success。

```
#导入 ResNet50 模型
model=hub.Module(name='resnet50_vd_imagenet_ssld',
                 label_list=['dress','pants'])
```

（2）成功导入模型后，可以准备进行训练了。首先定义优化器。优化器用来更新和计算影响模型训练和模型输出的网络参数，使其接近或达到最优值。简单地说，优化器通过算法帮助模型在训练过程中更快、更好地将参数调整到适当位置。其中，Adam 优化器以通过少量的超参数调优获得良好性能而闻名。因此，本项目使用 Adam 优化器。其中，learning_rate 表示全局学习率，parameters 表示待优化模型。全局学习率的调整是神经网络调参中非常重要的一部分，代表神经网络中随时间推移，信息累积的速度。全局学习率是最重要的超参数之一，对性能影响最大。如果只能调整一个超参数，那么最好的选择就是调整全局学习率。相比其他超参数，全局学习率以一种更加复杂的方式控制着模型的有效容量。当全局学习率最优时，模型的有效容量最大。全局学习率控制了权重更新的幅度，以及训练的速度和精度。若全局学习率太大，则容易导致目标函数波动较大，难以实现最优解；若全局学习率太小，则会导致收敛过慢，训练时间过长。因此，在设置全局学习率时，应该相对谨慎，一般默认为 0.001。

```
#定义优化器
optimizer=paddle.optimizer.Adam(learning_rate=0.001, #设置全局学习率
                 parameters=model.parameters()) #设置待优化模型
```

（3）定义训练器，以提高代码的复用性、可读性及可扩展性。若需要更换参数值，则可以直接更新，不需要重新编辑代码。Trainer()函数包含十几个参数，以下对其中几个关键参数进行设置。其中，model 表示待优化模型；optimizer 表示优化器；checkpoint_dir 表示保存模型参数的地址；use_gpu 表示使用的 GPU 数量或 GPU 节点列表。若不调用 GPU，则将其设置为 False。

```
#定义训练器
trainer=Trainer(model,optimizer,checkpoint_dir='img_classification',
            use_gpu=False)
```

（4）设置模型训练的相关参数，启动模型训练。其中，trappings_train 表示训练集；epochs 表示训练的轮数（因为这里存在时间限制，所以将其设置为 10 轮。若需要提高模型的精确率，则可以适当增加轮数）；batch_size 表示训练一批次的大小；eval_dataset 表示验证集；save_interval 表示保存模型的间隔频次，单位是训练的轮数。这里将其设置为 1，表示每训练 1 轮保存 1 次模型。

```
#启动模型训练
trainer.train(trappings_train,epochs=10,batch_size=10,
        eval_dataset=trappings_validate, save_interval=1)
```

这里通过一个例子重点介绍一下 epochs 与 batch_size 之间的关系。假设某个数据集有 1000 张图像作为训练数据，若将 epochs 设置为 10，batch_size 设置为 100，则表示以下内容。

- 每轮 epochs 要训练的图像数量：1000（训练集上的所有图像）。
- 完成本次训练需要的 epochs 轮数：10。
- 训练集具有的 batch_size 个数：1000/100=10。
- 每轮 epochs 需要完成的 batch_size 个数：10。

（5）在训练时，可以看到如图 9-14 的训练过程，其中方框中的内容表示第 1 轮 epochs 的训练过程参数。

```
[2023-03-27 09:17:52,756] [  TRAIN] - Epoch=1/10, Step=10/16 loss=0.7284 acc=0.6800 lr=0.001000 step/sec=0.16 | ETA 00:16:35
[2023-03-27 09:18:39,316] [   EVAL] - [Evaluation result] avg_loss=0.7695 avg_acc=0.5962
[2023-03-27 09:18:39,839] [   EVAL] - Saving best model to img_classification/best_model [best acc=0.5962]
[2023-03-27 09:18:39,841] [   INFO] - Saving model checkpoint to img_classification/epoch_1
[2023-03-27 09:19:41,807] [  TRAIN] - Epoch=2/10, Step=10/16 loss=0.7589 acc=0.5200 lr=0.001000 step/sec=0.15 | ETA 00:17:34
[2023-03-27 09:20:31,021] [   EVAL] - [Evaluation result] avg_loss=1.0316 avg_acc=0.6346
[2023-03-27 09:20:31,543] [   EVAL] - Saving best model to img_classification/best_model [best acc=0.6346]
[2023-03-27 09:20:31,545] [   INFO] - Saving model checkpoint to img_classification/epoch_2
```

图 9-14　训练过程

第 1 行共包含 7 个参数。其中，Epoch 表示当前的训练轮数，1/10 表示 10 轮中的第 1 轮。Step 表示每轮训练图像的数量，为 10 张，即此前设置的 batch_size，而 16 表示训练集可支持的最大批次。由上文可知，训练集的数据量为 155，因此最大批次为 155/10=16（取整）。loss 表示损失量，用来衡量模型预测结果与真实值之间的差距。如果这个值在不断下降，则说明模型正在学习并且在改进其预测性能。acc 表示精确率。loss 和 acc 均可作为模型的评估指标，它们会随着训练的推进发生变化。lr 表示全局学习率。step/sec 表示每秒所完成的批次。ETA 表示每训练 1 个 Epoch 所需的时间。

```
Epoch=1/10, Step=10/16 loss=0.7284 acc=0.6800 lr=0.001000 step/sec=
0.16 | ETA 00:16:35
```

第 2 行包含 2 个参数。其中，avg_loss 表示该轮训练过程中的平均损失值；avg_acc 表示该轮训练过程中的平均精确率。

```
[Evaluation result] avg_loss=0.7695 avg_acc=0.5962
```

第 3 行表示将保存最大精确率（0.5962）的最佳模型存放在当前路径下的 img_classification/best_model 文件夹中。在下一任务中，将查看保存的模型。

```
Saving best model to img_classification/best_model [best acc=0.5962]
```

第 4 行表示将模型存放在当前路径下的 img_classification/epoch_1 文件夹中。

```
Saving model checkpoint to img_classification/epoch_1
```

本次训练需要 30~40min。当返回的训练参数显示保存第 10 轮的模型时，会显示下方代码块中的信息，表示模型已完成训练。

```
Saving model checkpoint to img_classification/epoch_10
```

评估服饰分类模型

（1）为了查看模型训练后的效果，可以使用划分好的测试集对训练好的模型进行评估。

```
#评估模型效果
trainer.evaluate(trappings_test, 16)
```

（2）等待片刻，程序运行完成后将输出以下信息。其中，loss 表示测试集的损失量；acc 表示测试集的精确率。这里精确率约为 0.73，不是特别高。如果希望模型更加准确，则可以通过增加数据量或训练轮次等方法来重新训练模型。

```
{'loss':0.64918125559274527,
'metrics':defaultdict(int,{'acc':0.7307692307692307})}
```

（3）到此，模型已经开发完成。单击操作栏的"保存"按钮，保存代码文件，以便在后续部署模型时使用，如图 9-15 所示。单击 Logo 图标，返回初始路径。

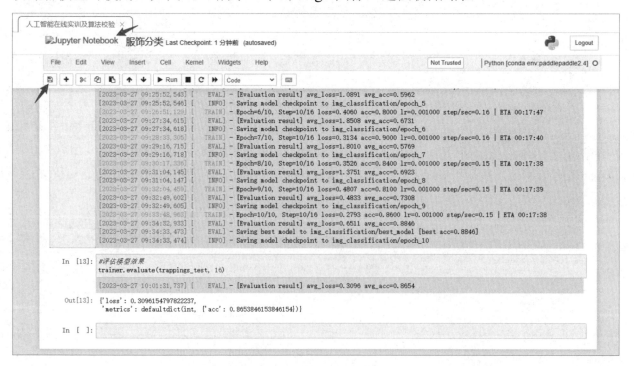

图 9-15　保存代码文件

（4）返回初始路径后，可以看到当前路径下多了一个 img_classification 文件夹。单击

img_classification 文件夹，打开该文件夹，可以看到其中存储的是在训练过程中保存的模型文件，如图 9-16 所示。

图 9-16　查看保存的模型文件

（5）其中，best_model 文件夹中存储的是 10 轮训练中最佳的模型文件，这是下一任务中需要部署的模型。单击 best_model 文件夹，打开该文件夹，可以看到其中包含两个文件，分别为 model.pdopt 和 model.pdparams，如图 9-17 所示。其中，model.pdopt 文件中存储的是训练优化器的参数，model.pdparams 文件中存储的是完整的网络。从图 9-17 中可以看出，这两个文件的大小较大，在后续部署时将直接调用。若需要查看其中的详细内容，则需要使用专业的软件才能打开。

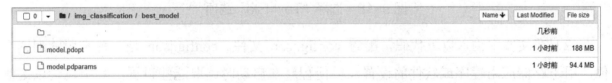

图 9-17　best_model 文件夹中的文件

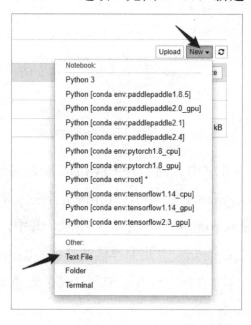

任务 5

部署服饰分类模型

（1）如果需要让他人访问我们训练好的模型，则可以进行服务器部署，将我们训练好的模型部署到服务器上以供运行。首先返回初始路径，单击页面右侧的"New"下拉按钮，在弹出的下拉列表中选择"Text File"选项（见图 9-18），新建一个文本。

图 9-18 选择"Text File"选项

（2）在文本中输入以下代码，配置 config.json 文件。config.json 是一种常用的配置文件，用于存储应用程序或软件的设置，以便程序在启动时读取这些设置，其中包含以键值对形式存储的变量及其值。modules_info 用于预安装模型，以字典列表形式列出，key 为模型名称，即 resnet50_vd_imagenet_ssld。其中，init_args 为模型加载时输入的参数，predict_args 为模型预测时输入的参数，port 为服务端口，默认为 8866。注意：label_list 要与所训练的模型标签保持一致。

```
{
  "modules_info": {
    "resnet50_vd_imagenet_ssld": {
      "init_args": {
```

```
        "version": "1.1.0",
        "label_list":["dress", "pants"],
        "load_checkpoint": "img_classification/best_model/model.pdparams"
      },
      "predict_args": {
        "batch_size": 1
      }

    }
  },
  "port": 8866,
  "gpu": "0"
}
```

（3）输入代码后，单击"Untitled"按钮将该文件重命名为 config.json。选择"File"→
"Save"选项，保存文件，如图 9-19 所示。

图 9-19　保存 config.json 文件

（4）返回初始路径，打开服饰分类.ipynb 文件，在最后一个空的代码块中输入以下代
码，使用 Paddlehub Serving 一键模型服务部署工具，通过简单的 Hub 命令行工具启动一个
模型预测在线服务。

```
!hub serving start --config config.json
```

（5）输入代码后，单击"Run"按钮，如图 9-20 所示。

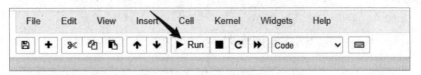

图 9-20　单击"Run"按钮

（6）若出现图 9-21 中箭头所指的内容，则表示程序已运行完成。

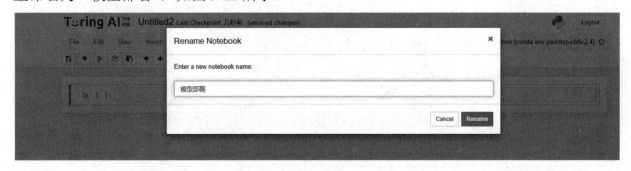

```
In [*]: !hub serving start —config config.json

        load custom parameters success
         * Serving Flask app 'paddlehub.serving.app_compat' (lazy loading)
         * Environment: production
           WARNING: This is a development server. Do not use it in a production deployment.
           Use a production WSGI server instead.
         * Debug mode: off
         * Running on all addresses (0.0.0.0)
           WARNING: This is a development server. Do not use it in a production deployment.
         * Running on http://127.0.0.1:8866
         * Running on http://10.244.0.79:8866 (Press CTRL+C to quit)
```

图 9-21　启动服务输出结果

（7）程序运行完成后，返回初始路径。单击页面右侧的"New"下拉按钮，在弹出的下拉列表中选择"Python [conda env:PaddlePaddle2.4]"选项，新建 Jupyter Notebook，并将其重命名为"模型部署"，如图 9-22 所示。

图 9-22　重命名 Jupyter Notebook

（8）在新建的 Jupyter Notebook 中输入以下代码，导入实施本任务所需的库。

```
#导入实施本任务所需的库
import requests            #网络请求
import json               #数据交换
import base64             #图像编码
import cv2                #图像处理
from PIL import Image     #图像处理
import matplotlib.pyplot as plt   #图像可视化
```

（9）为了方便进行图像操作，这里定义一个方法，将图像格式转换为 Base64 编码格式，以便将其输入模型进行预测。

```
#定义转换图像格式的方法
def cv2_to_base64(image):
    data = cv2.imencode('.jpg', image)[1]
    return base64.b64encode(data.tostring()).decode('utf8')
```

（10）加载存储在 data 文件夹下的测试图像。由于 cv2.imread()函数读取的图像是 BGR

格式的，而 plt.imshow()函数显示的图像是 RGB 格式的，因此使用 cv2.cvtColor()函数将图像格式转换为 RGB 格式。

```
#加载用于测试的图像
img_path = './data/test.jpg'                        #图像路径
img = cv2.imread(img_path)                           #读取图像，用于格式转换
img = cv2.cvtColor(img, cv2.COLOR_BGR2RGB)  #格式转换
```

（11）输入测试图像，并向服务端发送请求，根据 PaddlePaddle 官方文档设置下列参数。

```
#发送请求
#输入图像，并设置返回两个标签
data = {'images':[cv2_to_base64(img)], 'top_k':2}
headers = {"Content-type": "application/json"} #设置请求消息头
#设置请求 URL
url = "http://127.0.0.1:8866/predict/resnet50_vd_imagenet_ssld"
#发送 post 请求
r = requests.post(url=url, headers=headers, data=json.dumps(data))
data =r.json()["results"]['data']      #提取返回的信息
print(data)                            #打印返回信息
```

输出结果如下，程序返回了图像对应的各个类别的置信度。从输出结果可知，模型认为该图像为 pants（裤子）的置信度高达 99%，识别结果较为准确。

```
[{'dress': 2.0415587641764432e-05, 'pants': 0.9999796152114868}]
```

（12）将识别结果进行可视化。

```
#显示图像
plt.imshow(img)
plt.axis('off')
plt.show()
#解析返回数据
dress = 'dress'
pants = 'pants'
for item in r.json()["results"]['data']:
    #比较置信度的大小，并打印置信度最大的类别
    if item.get('dress') > item.get('pants'):
        print("服饰的类别为: ",dress, "置信度为: ",item.get('dress'))
    else:
        print("服饰的类别为: ",pants, "置信度为: ",item.get('pants'))
```

输出结果如图 9-23 所示。至此，本项目已全部完成，若想要继续体验模型效果，则可

以输入新的测试图像进行测试。

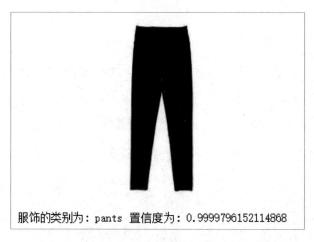

服饰的类别为：pants 置信度为：0.9999796152114868

图 9-23   输出结果

拓展学习

建议学生以 2 人或 3 人为一个小组开展拓展学习，在实施过程中充分讨论，互相学习和验证，最终共同完成拓展学习任务。

拓展学习 1：本项目主要介绍了如何对服饰图像进行图像分类操作，并将服饰从原图中识别出来。请查阅资料，了解是否还有其他图像分类模型，并填写表 9-5。

表 9-5   其他图像分类模型

序号	图像分类模型	对应的模型教程链接
1		
2		

拓展学习 2：请编写程序，完成以下任务。

（1）尝试调整 paddle.optimizer.Adam 的 learning_rate（建议范围为 0.001～0.1）、trainer.train 的 epochs（建议范围为 5～12）、batch_size（建议范围为 1～16）。

（2）对不同参数模型进行训练。

（3）对比不同参数模型的效果。

（4）提供 2 张不同参数模型对服饰图像识别效果的对比图。

思政课堂

共建"一带一路"，推动构建人类命运共同体

服饰分类是图像分类的一种应用。在图像分类任务中，不仅需要好的分类模型，还需要高质量、标注好的数据集。两者之间相互合作、相互成就、缺一不可，才能实现一个效果

较好的应用。这就像当下世界，需要构建人类命运共同体，建设一个美丽的世界。

人类命运共同体，顾名思义，就是每个民族、每个国家的前途命运都紧紧联系在一起，应该风雨同舟，荣辱与共，努力把我们生于斯、长于斯的这个星球建成一个和睦的大家庭，把世界各国人民对美好生活的向往变成现实。人类命运共同体理念为各国人民走向携手同心共护家园、共享繁荣的美好未来贡献中国方案。

千里之行，始于足下。10 年来，中国用笃定的信念和扎实的行动，为构建人类命运共同体贡献力量。共建"一带一路"倡议是构建人类命运共同体的生动实践，是中国为世界提供的广受欢迎的国际公共产品和国际合作平台。以"一带一路"辐射周边国家，共促全球共同发展。中国正以自己的方式参与构建人类命运共同体，倡导和平、发展、公平、正义、民主、自由的全人类共同价值。

一、项目目标

在学习完本项目后，将自己对知识的掌握情况填入表 9-6，并对相应项目目标进行难度评估。评估方法：给相应项目目标后的☆涂色，难度系数范围为1～5。

表9-6　项目目标自测表

项目目标	目标难度评估	是否掌握（自评）
掌握基于传统机器学习的图像分类方法	☆☆☆☆☆	
掌握基于深度学习的图像分类方法	☆☆☆☆☆	
熟悉深度学习图像分类算法——ResNet	☆☆☆☆☆	
掌握图像分类模型的评估指标	☆☆☆☆☆	
能够训练 ResNet 模型实现服饰分类	☆☆☆☆☆	
能够将图像分类模型部署到服务端	☆☆☆☆☆	
培育人类命运共同体理念，了解"一带一路"	☆☆☆☆☆	

二、项目分析

本项目介绍了图像分类的进阶知识，并通过训练 ResNet 模型实现了服饰识别。请结合分析，将项目具体实践步骤（简化）填入图 9-24 中的方框。

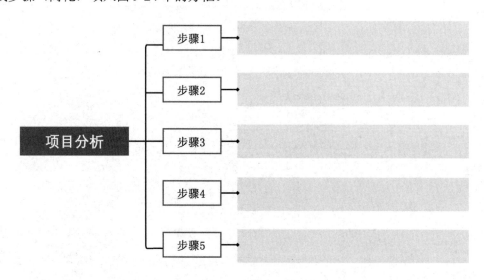

图 9-24　项目分析步骤

三、知识抽测

1. 基于传统机器学习的图像分类的流程如图 9-25 所示，请在横线处填写缺失内容。

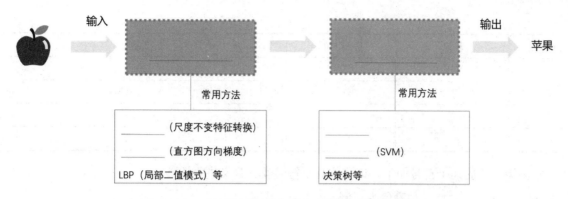

图 9-25　基于传统机器学习的图像分类的流程 2

2．传统机器学习方法和深度学习方法各有优缺点，请将对应内容进行连线。

模型可解释性强 　　　　　　　　　　　　　　　　　需要大量的数据

训练速度快　　　　　　　传统机器学习方法　　　　难以处理高复杂度问题

计算复杂度较低 　　　　　　　　　　　　　　　　　对计算资源要求高

自动学习特征 　　　　　　　　　　　　　　　　　　模型的可解释性差

复杂问题的处理能力较强 　　　　　　　　　　　　　训练时间相对较长

对硬件要求不高　　　　　　深度学习方法　　　　　　需要人工提取特征

需要的训练数据量相对较少 　　　　　　　　　　　　需要多次迭代

3．请在图 9-26 中绘制 ResNet 模型的跳跃连接。

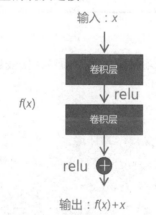

图 9-26　ResNet 模型的残差块结构 2

4．请查阅资料，了解更多深度学习图像分类算法，参考表 9-7 中的第 1 项，填写其他 5 种图像分类算法。

表 9-7　深度学习图像分类算法

序号	算法	提出时间	特点
1	ResNet	2015 年	引入残差学习的思想来解决深度神经梯度消失的问题。通过这种方式，ResNet 能够成功地构建数百层甚至数千层的深度神经网络
2			

续表

序号	算法	提出时间	特点
3			
4			
5			
6			

5. 混淆矩阵中的几个符号如下，请将这几个符号及其含义进行连线。

T　　　　　　　　　　　预测值为正例

F　　　　　　　　　　　预测值与真实值相反

P　　　　　　　　　　　预测值为反例

N　　　　　　　　　　　预测值与真实值相同

6. 经过测试，智能芯片划痕识别模型输出了如表 9-8 所示的混淆矩阵。请根据表 9-7 计算模型的准确率和召回率，要求写出计算公式。

表 9-8　智能芯片划痕识别模型的混淆矩阵 2

实际值	预测值	
	有划痕	无划痕
有划痕	28	4
无划痕	6	62

四、实训抽测

1. 在本项目中，需要导入实施本项目所需的库，请在横线处填写缺失内容。

```
#导入实施本项目所需的库
import _____  #处理文件
import _____  #导入百度的深度学习环境
import paddlehub as hub  #百度的模型仓库
import paddlehub.vision.transforms as T      #_____
from paddlehub.finetune.trainer import Trainer   #对数据进行微调
from _____ import pyplot as plt          #显示图像
```

2. 本项目通过 paddle 内置方法实现了数据集的加载与处理，请在横线处填写缺失内容，并将函数对应的功能进行连线。

__getitem__()　　　　　初始化数据集，将样本_____和对应_____映射到列表中

__init__()　　　　　　　返回数据集的样本总数

__len__()　　　　　　　定义当指定索引时如何获取样本数据

T.Resize()　　　　　　进行图像裁剪，并保持_____不变

T.Normalize()　　　　　统一图像的尺寸

T.CenterCrop()　　　　进行归一化处理

3. 当使用 paddlehub 模型库加载 ResNet50 模型时，需要输入两个参数。请在横线处填写缺失

内容。

```
#导入模型，并设置模型名称和_____
model=hub.Module(_____='resnet50_vd_imagenet_ssld',
                 _____=['dress','pants'])
```

4. 当将二分类模型的结果进行可视化输出时，需要比较两个类别的置信度大小，并显示置信度较大的类别。请在横线处填写缺失内容。

```
#解析返回数据
dress = 'dress'
pants = 'pants'
for item in r.json()["results"]['data']:
    if _____:            #比较置信度的大小
        print("服饰的类别为：",dress, "置信度为：",item.get('dress'))
    else:
        print("服饰的类别为：",pants, "置信度为：",item.get('pants'))
```

项目 **10**

基于 YOLOv3 实现零售柜商品检测

案例导入

　　在传统的零售柜中，无论是大型超市，还是小型便利店，在居民密集区及消费高峰时段（如周末）经常会出现排队结算的现象，这无疑降低了消费者的购物体验。若需要缓解排队结算现象，则需要增加收银人员，增设结算通道。但是，这种解决方案增加了人工成本，成本过于昂贵。自助扫码结算技术解决了人工成本增加的问题，但是本质上该技术只是将扫描条形码的操作从收银员转移到了消费者身上。在这个过程中，消费者可能会遇到扫描条码失败，无法完成结算等问题，导致购物结算时间增加。因此，该技术依然存在操作复杂、结算效率低等问题。针对以上现象，可以运用一些先进技术手段来改进商品的销售过程。例如，随着计算机视觉的发展，商品识别技术日益成熟，使用基于图像的目标检测技术可以提高自动化程度、减少成本、提高效率，从而改变传统的扫描条形码的结算方式。这种趋势被称为"新零售"，并且被认为是不可避免的。

　　思考：对比自助扫码结算和智能识别结算，你更喜欢哪种方式？

学习目标

（1）熟悉传统目标检测方法的基本流程。

（2）掌握深度学习目标检测方法的两种类别。

（3）熟悉 YOLO 系列算法的原理及 YOLOv3 的特点。

（4）掌握目标检测模型的评估指标。

（5）能够通过训练 YOLOv3 实现零售柜商品检测。

（6）能够将目标检测模型部署在端侧设备上进行实时检测。

（7）培育法治意识和数据安全意识。

项目描述

本项目要求基于上述案例场景，使用 PaddlePaddle 框架导入 YOLOv3，对图 10-1（a）进行商品检测操作。图 10-1 所示为商品检测效果。

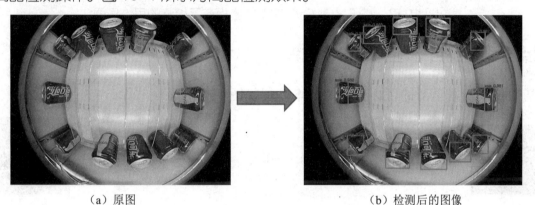

（a）原图　　　　　　　　　　　　　　（b）检测后的图像

图 10-1　商品检测效果

项目分析

本项目首先介绍目标检测的进阶知识，然后介绍如何训练 YOLOv3 来实现零售柜商品检测，具体分析如下。

（1）学习传统的目标检测基本流程，能够加深对传统方法和深度学习方法的理解。

（2）理解 Two-Stage 目标检测算法和 One-Stage 目标检测算法的优缺点和不同之处。

（3）熟悉 YOLO 系列深度学习目标检测算法，重点了解 YOLOv3 的特点。

（4）学习 2 个常见的目标检测模型的评估指标。

（5）能够基于 PaddlePaddle 框架加载 YOLOv3 并进行训练。

（6）能够使用 IoU 评估模型效果，并将最佳模型部署到端侧设备上。

知识准备

图 10-2 所示为基于 YOLOv3 实现零售柜商品检测的思维导图。

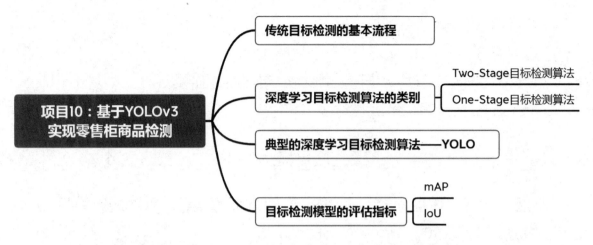

图 10-2　基于 YOLOv3 实现零售柜商品检测的思维导图

知识点 1：传统目标检测的基本流程

基于传统机器学习的目标检测的基本流程如图 10-3 所示。

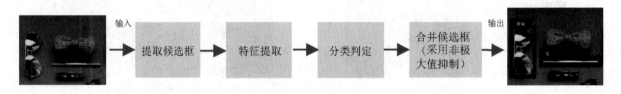

图 10-3　基于传统机器学习的目标检测的基本流程 1

首先给定待检测图像，然后对这张图像进行候选框的提取。候选框的提取通常采用滑动窗口的方法，在这一步中会在原图上生成大量的候选框。在得到候选框后，对每一个候选框进行特征提取，可以采用 HOG、SIFT 等方法。接下来训练一个分类器（如支持向量机）来对从候选框提取出的特征进行分类判定，即预测各个候选框的类别。在经过判定后，会得到一系列可能是检测目标的候选框，这些候选框可能存在一些重叠的现象，这时需要采用非极大值抑制（NMS）对多个重叠的候选框进行合并。此过程会根据每个候选框的分类得分保留得分最高的候选框，即最可能包含目标的候选框，并将其作为输出结果。

知识点 2：深度学习目标检测算法的类别

随着深度学习的发展，基于神经网络的端到端的目标检测方法被广泛使用，逐渐取代了传统方法在目标检测领域的地位。在深度学习方法中，候选框的产生、特征提取和分类检测（甚至包括候选框的合并）都被整合在一个统一的网络中，显著提高了检测的速度和精度。目前，主流的深度学习目标检测算法有两类，分别为 Two-Stage（两步走）目标检测算法（如 R-CNN、SPP-Net、Fast R-CNN 等），以及 One-Stage（一步走）目标检测算法（如 YOLO 系列、SSD 系列、RetinaNet 等）。

1）Two-Stage 目标检测算法

Two-Stage 目标检测算法的流程如图 10-4 所示。Two-Stage 目标检测算法的第一阶段通常生成一系列候选框，第二阶段对这些候选框中的目标进行分类，并调整候选框的大小和位置，以更好地匹配目标的形状。这类算法的识别精度通常很高，但是计算成本也较高，耗时相对长，适用于对检测精度要求较高的场景，如医疗影像识别、高精度工业检测等。

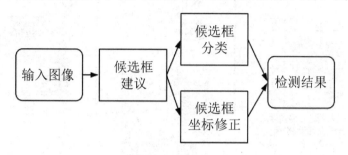

图 10-4 Two-Stage 目标检测算法的流程

2）One-Stage 目标检测算法

One-Stage 目标检测算法的流程如图 10-5 所示。One-Stage 目标检测类算法通过主干网络直接预测目标的类别和位置，大大提高了计算效率，适用于需要实时反馈的场景，如无人驾驶、视频监控等。但是，该算法通常在准确性上会略低于 Two-Stage 目标检测算法。

图 10-5 One-Stage 目标检测算法的流程

知识点 3：典型的深度学习目标检测算法——YOLO

YOLO 属于 One-Stage 目标检测算法，其主要优势在于能进行实时目标检测，并且错误率比传统目标检测方法（如 R-CNN 及其变体）的错误率低。YOLO 算法的流程如图 10-6 所示。首先，通过使用单个神经网络直接将整张图像划分成 $S \times S$ 的网格单元，并判断预测目标的中心是否在网格中；其次，通过网格来确定预测对象的类别并给出相应的置信度；再次，使用阈值筛选去除出现概率较低的目标窗口；最后，使用 NMS 算法去除冗余窗口。

YOLO 算法的整个流程非常简单，其将目标检测问题看作一个回归问题，避免了传统目标检测方法中复杂的候选框提取和分类判定等步骤，显著提高了检测速度。但是，YOLO 算法对一些小物体和群体对象的检测效果较差，并且对物体的形状界定不够精准。因此，后续出现了很多基于 YOLO 的改进版本，如 YOLOv2、YOLOv3、YOLOv4 等。

本项目使用 YOLOv3 来实现目标检测。YOLOv3 的特色是引入了 FPN 来实现多尺度预测，同时使用了更加优秀的基础网络 Darknet-53，可以提取出更丰富的图像特征，实现了速度与精度的平衡。如果采用 COCO mAP50 作为评估指标，则 YOLOv3 的表现非常出色。在保持相同精确度情况下，YOLOv3 的速度是其他模型的 3 到 4 倍，如图 10-7 所示。

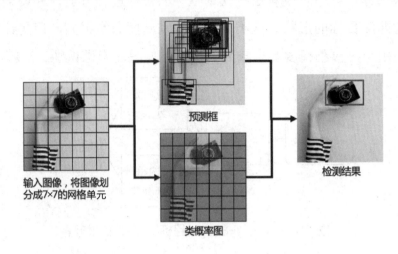

图 10-6　YOLO 算法的流程

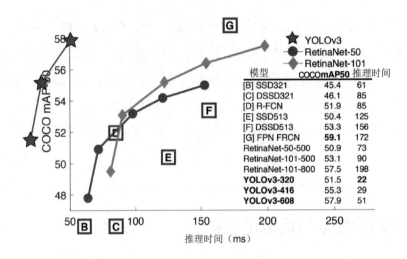

图 10-7　YOLOv3 与其他模型的对比

知识点 4：目标检测模型的评估指标

在评价一个目标检测算法时，主要关注两个标准，即是否正确预测了框内的物体类别；预测框与人工标注框的重合程度。这两个标准的量化指标分别为 mAP（mean Average Precision，平均精度均值）和 IoU（Intersection over Union，交并比）。

1）mAP

mAP 就是各类别的平均精度均值，其中 AP 为平均精度（Average Precision）。mAP 需要先单独计算出每个类别的 AP，再求出所有类别 AP 的平均值。这个平均值就是 mAP。mAP 用来综合评价检测到的目标的平均精度。

如果每个类别都可以根据 Recall（召回率）和 Precision（精确率）绘制一条曲线（PR曲线），那么 AP 就是该曲线下的面积，如图 10-8 所示。AP 越大，说明模型的平均准确率越高。mAP 介于 0 到 1 之间，该值越接近 1，表示模型的性能越好。

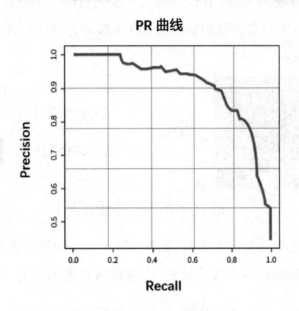

图 10-8 PR 曲线

举个例子，在对某个猫狗二分类模型的性能评估中输出了如图 10-9 所示的 PR 曲线，由图 10-9 可知，该模型在类别"猫"上的 AP 为 0.375，在类别"狗"上的 AP 为 0.257。由此可以计算出该模型的 mAP 为（0.375+0.257）/ 2=0.316。因此，可以判断出该模型的性能不是很好，还需要进一步优化。

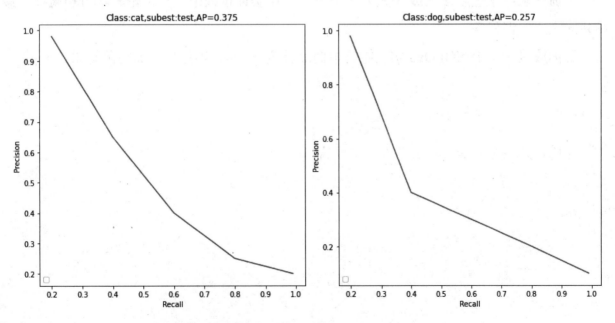

图 10-9 猫、狗类别在测试集上的 PR 曲线

2）IoU

IoU 用来评价目标检测算法的对象定位精度，指的是目标检测的预测框和标签框之间的重叠面积与它们面积并集的比值。IoU 数越大，说明目标检测算法定位越准确。IoU 的计算公式为（真实边界框与预测边界框相交的面积）/（真实边界框与预测边界框合并的面积）。IoU 示意图如图 10-10 所示。

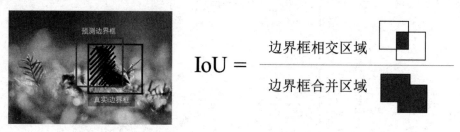

图 10-10　IoU 示意图

在实际过程中，一般会设定一个 IoU 阈值（如 0.5），如果计算得到的 IoU 大于或等于所设定的阈值，则将对象识别为"成功检测"，否则将对象识别为"错误"。

项目实施

本项目针对零售柜商品图像进行目标检测操作，并展示实训成果。

实训目的： 通过实训掌握基于 YOLOv3 的实现方法，并将其应用到人工智能项目场景中。

实训要求： 学生以 2 人或 3 人为一个小组，在实训过程中充分讨论、学习和验证，最终共同完成实训任务。

目标成果： 基于 YOLOv3 实现零售柜商品检测.ipynb、零售柜商品检测结果图.jpg。

准备商品图像数据

本任务首先介绍数据集的基本情况，然后按比例划分图像数据和标签文件，最后生成对应图像数据、标签文件绝对路径，并将其分别写入不同的 txt 文件（train_list.txt、val_list.txt），以生成模型训练所需的数据集文件。

（1）打开人工智能交互式在线学习及教学管理系统，进入控制台页面，单击"人工智能在线实训及算法校验"选项中的"启动"按钮，启动人工智能在线实训及算法校验环境，如图 10-11 所示。

图 10-11　启动人工智能在线实训及算法校验环境

（2）启动人工智能在线实训及算法校验环境后，可以看到其中有一个名为 data 的文件夹（见图 10-12）。该文件夹中存储的是本项目需要处理的相关数据。这里可以单击 data 文件夹，打开该文件夹，查看其中的文件。

图 10-12　data 文件夹

（3）打开 data 文件夹后，可以看到如下文件结构，其中包含 JPEGimages、Annotations 和 image 这 3 个文件夹及 label_list.txt 标签信息文件。JPEGimages 文件夹中存储的是图像数据集（共 928 张）。Annotations 文件夹中存储的是图像 VOC 标签文件（共 928 份），包含商品类别和位置等信息。Annotations 中的数据将作为模型训练的标签数据，JPEGimages 中的数据是对应的图像输入数据。image 文件夹中存储的是待检测图像 test.jpg，用于测试模型效果。打开 label_list.txt 标签信息文件，可以看到数据集中有饮料、牛奶、面包、饼干、巧克力、糖果、薯片、方便面、沙拉酱、调味品这 10 种类型，每种类型又有多种类别，共 113 种。

```
├──JPEGimages
  ├──1.jpg
  ├──2.jpg
  ├──3.jpg
  ├──4.jpg
  ......
  └──000928.jpg
├──Annotations
  ├──1.xml
  ├──2.xml
  ├──3.xml
  ├──4.xml
  ......
  └──000928.xml
├──image
  ├──test.jpg
└─label_list.txt
```

（4）JPEGimages 文件夹中存储的图像数据集的格式为 jpg 格式，为静态智能零售货柜采集摆放商品后的零售柜内部图像，部分图像数据集如图 10-13 所示。

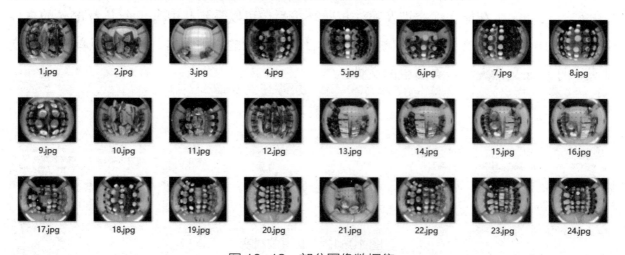

图 10-13　部分图像数据集

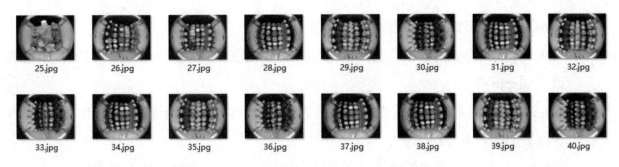

图 10-13　部分图像数据集（续）

（5）Annotations 文件夹中存储的标签文件格式为 xml 格式，包含对应图像的 VOC 标签信息，其中某个标签文件内容如图 10-14 所示。

```
▼<annotation>
   <folder>1</folder>
   <filename>ori_TEST20191101111406032-3_0.jpg</filename>
 ▼<source>
    <database>CKdemo</database>
    <annotation>VOC</annotation>
    <image>CK</image>
   </source>
 ▼<size>
    <width>960</width>
    <height>720</height>
    <depth>3</depth>
   </size>
   <segmented>0</segmented>
 ▼<object>
    <name>mangguoxiaolao</name>
    <pose/>
    <truncated>0</truncated>
    <difficult>0</difficult>
   ▼<bndbox>
      <xmin>155</xmin>
      <ymin>171</ymin>
      <xmax>217</xmax>
      <ymax>256</ymax>
     </bndbox>
   </object>
 ▼<object>
    <name>fenda</name>
    <pose/>
    <truncated>0</truncated>
    <difficult>0</difficult>
   ▼<bndbox>
      <xmin>376</xmin>
      <ymin>605</ymin>
      <xmax>484</xmax>
      <ymax>669</ymax>
     </bndbox>
   </object>
```

图 10-14　标签文件内容

标签文件结构各参数详细说明如下。

- <annotation>标签：VOC 标签文件的根标签，其中包含一个或多个<object>标签。

- <folder>标签：图像对应的文件夹名称。

- <filename>标签：图像的文件名称。

- <source>标签：数据集的名称或来源信息。

- <database>标签：数据集的名称。

- <annotation>标签（<source>标签的子标签）：数据集的版本或描述信息。

- <image>标签：数据集的类型或来源。

- <size>标签：图像的大小，包括宽度（<width>标签）、高度（<height>标签）和通道数（<depth>）。

- <segmented>标签：图像是否被分割为若干部分，如果是，则该标签的值为1，否则该标签的值为0。

- <object>标签：图像中的一个目标，其中包含一个或多个<bndbox>标签。

- <name>标签：目标的类别名称。

- <pose/>标签：目标在图像中的方向。

- <truncated>标签：目标是否被截断，如果是，则该标签的值为1，否则该标签的值为0。

- <difficult>标签：目标是否难以辨认，如果是，则该标签的值为1，否则该标签的值为0。

- <bndbox>标签：目标的边界框位置信息，包括左上角坐标（<xmin>、<ymin>标签）和右下角坐标（<xmax>、<ymax>标签）。

图 10-14 中的标签文件描述了一张名为 1.jpg 的图像，其中包含两个商品目标，类别名称分别为 mangguoxiaolao 和 fenda；mangguoxiaolao 边界框左上角的坐标为(155,171)，右下角的坐标为(217,256)；fenda 边界框左上角的坐标为(376,605)，右下角的坐标为(484,669)。

在了解数据集的情况后，下面进行实训，生成模型训练所需的数据集文件。

（6）单击图 10-15 中的文件夹按钮，返回初始路径。

（7）返回初始路径后，单击页面右侧的 "New" 下拉按钮，在弹出的下拉列表中选择 "Python 3" 选项（见图 10-16），创建 Jupyter Notebook。

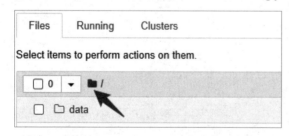

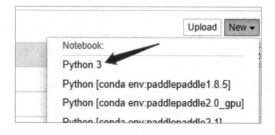

图 10-15　单击文件夹按钮　　　　　　图 10-16　选择 "Python 3" 选项

（8）创建 Jupyter Notebook 后，即可在代码编辑块中输入代码。由于本项目的 YOLO 模型训练格式要求为 VOC 格式，而图像数据集和图像 VOC 标签文件在不同的目录下，因此需要先提取图像名称，实现如图 10-17 所示的效果。

📃 小提示

VOC 格式指的是 "./xxx/xxx.jpg　./xxx/xxx.xml"，前者为图像路径，后者为其标签文件 xml 路径，并且图像和标签文件的名称是一一对应的，只有扩展名不同。

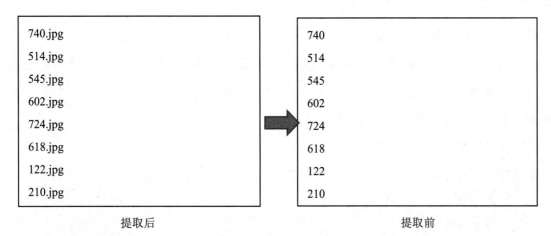

图 10-17　图像名称提取效果

（9）提取图像名称后，利用该名称生成标签信息路径，并与图像路径进行整合，同时按比例生成模型训练所需的训练集 txt 文件和验证集 txt 文件。其中，训练集 txt 文件部分生成效果如图 10-18 所示。从图 10-18 中可以看出，第 1 行和第 2 行的区别在于路径和扩展名不同，因此可以先遍历得到第 1 行的内容，再将路径 data/JPEGImages/改为 data/Annotations/，将扩展名.jpg 改为.xml，这样就可以快速得到第 2 行的内容。通过直接修改文件路径和扩展名的方式可以在短时间内获取到对应的标签信息，而不需要对 Annotations 文件夹下的每个文件进行遍历，这大大提高了代码的执行效率。

```
1  /home/jovyan/work/6423_jupyter_zedhl_bva_imlc/data/JPEGImages/740.jpg
   /home/jovyan/work/6423_jupyter_zedhl_bva_imlc/data/Annotations/740.xml
2  /home/jovyan/work/6423_jupyter_zedhl_bva_imlc/data/JPEGImages/514.jpg
   /home/jovyan/work/6423_jupyter_zedhl_bva_imlc/data/Annotations/514.xml
3  /home/jovyan/work/6423_jupyter_zedhl_bva_imlc/data/JPEGImages/545.jpg
   /home/jovyan/work/6423_jupyter_zedhl_bva_imlc/data/Annotations/545.xml
4  /home/jovyan/work/6423_jupyter_zedhl_bva_imlc/data/JPEGImages/602.jpg
   /home/jovyan/work/6423_jupyter_zedhl_bva_imlc/data/Annotations/602.xml
5  /home/jovyan/work/6423_jupyter_zedhl_bva_imlc/data/JPEGImages/724.jpg
   /home/jovyan/work/6423_jupyter_zedhl_bva_imlc/data/Annotations/724.xml
6  /home/jovyan/work/6423_jupyter_zedhl_bva_imlc/data/JPEGImages/618.jpg
   /home/jovyan/work/6423_jupyter_zedhl_bva_imlc/data/Annotations/618.xml
7  /home/jovyan/work/6423_jupyter_zedhl_bva_imlc/data/JPEGImages/122.jpg
   /home/jovyan/work/6423_jupyter_zedhl_bva_imlc/data/Annotations/122.xml
8  /home/jovyan/work/6423_jupyter_zedhl_bva_imlc/data/JPEGImages/210.jpg
   /home/jovyan/work/6423_jupyter_zedhl_bva_imlc/data/Annotations/210.xml
9  /home/jovyan/work/6423_jupyter_zedhl_bva_imlc/data/JPEGImages/816.jpg
   /home/jovyan/work/6423_jupyter_zedhl_bva_imlc/data/Annotations/816.xml
```

图 10-18　训练集 txt 文件部分生成效果

（10）编写程序，实现上述数据集处理需求。首先导入实施本项目所需的库，然后编写程序生成模型训练集。

① 这里利用 os 模块来获取所有图像内容，并创建训练集列表和测试集列表。

② 选取索引为 0～741 的图像及标签内容作为训练集，选取索引为 742～928 的图像及标签内容作为测试集。这里读者可自行定义数据集的划分。

③ 根据步骤（9）的分析，可以先遍历 JPEGImages 文件夹下的图像文件，并提取图像路径和图像名称，再替换路径和扩展名，以获得标签文件的路径和标签文件名称。

④ 在生成路径时，利用 os.path.abspath()函数将其转化为对应的绝对路径，以满足

YOLOv3 训练所需的文件内容。

⑤ 分别打开 train_list.txt 和 val_list.txt 文件，先将前 742 份图像绝对路径与标签信息绝对路径写入 train_list.txt 文件，再将后 186 份图像绝对路径与标签信息绝对路径写入 val_list.txt 文件，写入完成后关闭文件。

程序代码实现如下。

```python
# 导入实施本项目所需的库
import os  # 获取文件夹中的内容
# 获取各数据集的路径
imgs = os.listdir('./data/JPEGImages')
# 创建训练集列表
with open('./train_list.txt', 'w') as f:
    for im in imgs[:-186]: # 选取从第 1 张到倒数第 186 张（共 742 张）图像
        info = os.path.abspath( 'data/JPEGImages/'+im+' ') # 图像绝对路径
        # 标签信息绝对路径
        info += os.path.abspath( 'data/Annotations/'+im[:-4]+'.xml\n')
        f.write(info) # 写入文件
f.close() # 关闭文件


# 创建测试集列表
with open('./val_list.txt', 'w') as f:
    for im in imgs[-186:]: # 选取从倒数第 186 张到最后 1 张（共 186 张）图像
        # 图像绝对路径
        info = os.path.abspath( 'data/JPEGImages/'+im+' ')
        # 标签信息绝对路径
        info += os.path.abspath( 'data/Annotations/'+im[:-4]+'.xml\n')
        f.write(info) # 写入文件
f.close() # 关闭文件
```

（11）运行上述程序，可以看到在代码目录下生成了 train_list.txt 和 val_list.txt 文件，即训练集文件和测试集文件，如图 10-19 所示。

图 10-19　训练集文件和测试集文件

任务 2

训练商品检测模型

任务 1 中生成了实训模型训练所需的 txt 文件，下面将基于 PaddleX 搭建 YOLOv3，先对图像进行一些处理操作，再将其输入模型，并设置相关超参数进行模型训练。

（1）返回初始路径后，单击页面右侧的"New"下拉按钮，在弹出的下拉列表中选择"Python [conda env:paddlepaddle2.0_gpu]"选项（见图 10-20），创建 Jupyter Notebook。

图 10-20　选择"Python [conda env:paddlepaddle2.0_gpu]"选项

（2）创建 Jupyter Notebook 后，单击"Untitled"按钮，输入基于 YOLOv3 实现零售柜商品检测，单击"Rename"按钮进行重命名，如图 10-21 所示。

图 10-21　重命名

（3）创建 Jupyter Notebook 后，即可在代码编辑块中输入代码。如果需要增加代码块，则单击功能区的"＋"按钮，如图 10-22 所示；如果需要运行该代码块，则按快捷键

"Shift+Enter"。

图 10-22　增加代码块

（4）设置工作路径：使用编号为 0 的 GPU。若没有 GPU，则执行此代码后，仍然使用 CPU 来训练模型。

```
# 设置工作路径
import os
os.environ['CUDA_VISIBLE_DEVICES'] = '0'
```

（5）深度学习模型需要大量的数据来完成训练和评估，而数据在被送入模型前需要经过一系列处理，以提高数据的标准，提升模型的训练效率和泛化能力。例如，利用 PaddleX 中的 transforms 模块进行数据预处理可以提高模型的准确性和鲁棒性，同时能够加快模型的训练速度。因此，可以定义数据预处理模块对图像进行处理，以增强数据的特征。这里使用 PaddleX 中的 transforms.Compose 模块对图像进行图像混合、随机像素变换、随机膨胀等数据增强操作。以下介绍 transforms.Compose 模块中的主要方法。

- transforms.MixupImage()：对图像进行 mixup（混合）操作，并生成新的训练样本，从而增加训练数据的多样性。mixup_epoch 参数用于控制 mixup 操作的频率，即每隔多少个 epoch 进行一次 mixup 操作，默认值为 250。

- transforms.RandomDistort()：随机改变图像的像素，以增加训练数据的多样性。

- transforms.RandomExpand()：随机扩展和填充图像，并且保持图像的长宽比不变，从而得到新的图像，以扩大训练集的规模。

- transforms.RandomCrop()：随机裁剪图像。它可以从原始图像中随机截取一部分，并将其缩放到指定大小，从而产生新的训练样本，以增加训练数据的多样性。

- transforms.Resize()：对图像进行缩放操作，将图像的尺寸调整为模型所需的大小。target_size 为短边目标长度，默认值为 608；interp 取值范围为[NEAREST, LINEAR, CUBIC, AREA, LANCZOS4, RANDOM]，对应 resize（缩放）的不同插值方式，默认为 LINEAR。若选择插值方式为"RANDOM"，则随机选取一种插值方式进行缩放。

- transforms.RandomHorizontalFlip()：随机水平翻转图像，默认以 50%的概率随机将图像进行左右翻转，以生成更多的训练数据。

- transforms.Normalize()：对图像数据进行标准化处理，使像素值符合一定的标准分布。

```python
# 导入实施本项目所需的模块
from paddlex.det import transforms
# 定义训练集图像预处理参数
train_transforms = transforms.Compose([
    transforms.MixupImage(mixup_epoch=250),  # 对图像进行混合
    transforms.RandomDistort(),    # 对图像进行随机像素变换
    transforms.RandomExpand(),      # 对图像进行随机膨胀
    transforms.RandomCrop(),        # 随机裁剪图像
    transforms.Resize(target_size=608, interp='RANDOM'),  # 调整图像的大小
    transforms.RandomHorizontalFlip(),   # 随机水平翻转图像
    transforms.Normalize(),          # 对图像数据进行标准化处理
])

# 定义测试集图像预处理参数
eval_transforms = transforms.Compose([
    transforms.Resize(target_size=608, interp='CUBIC'),  # 调整图像的大小
    transforms.Normalize(),          # 对图像数据进行标准化处理
])
```

（6）定义好数据相关预处理模块后，利用 pdx.datasets 中的 VOCDetection 模块对数据进行处理，并将其作为模型训练的输入数据。

```python
# 导入 paddlex 模块
import paddlex as pdx

# 对训练集文件进行处理
train_dataset = pdx.datasets.VOCDetection(
    data_dir='',                      # 文件目录
    file_list='./train_list.txt',      # 训练集文件
    label_list='data/label_list.txt',  # 类型标签文件
    transforms=train_transforms,       # 预处理操作
shuffle=True)                          # 随机打乱

# 对测试集文件进行处理
eval_dataset = pdx.datasets.VOCDetection(
    data_dir='',                      # 文件目录
    file_list='./val_list.txt',        # 测试集文件
    label_list='data/label_list.txt',  # 类型标签文件
    transforms=eval_transforms)        # 预处理操作
```

　　程序运行结果如下，表示已经准备好了用于模型训练的数据集。其中，训练集共 742 个样本，测试集共 186 个样本。

```
Starting to read file list from dataset...
742 samples in file datasets/data/train_list.txt
creating index...
index created!


Starting to read file list from dataset...
186 samples in file datasets/data/val_list.txt
creating index...
index created!
```

　　（7）得到模型训练的输入数据后，导入 PaddlePaddle 框架中的 YOLOv3 预训练模型，并设置迭代次数、全局学习率等参数进行模型训练。其中，lr_decay_epochs 用于让全局学习率在模型训练后期逐步衰减，如[20,40]表示全局学习率在第 20 个 epoch 时衰减一次，在第 40 个 epoch 时再衰减一次。模型训练结束后，相关文件会保存在 output/yolov3_darknet53/best_model 目录下。

```python
# 加载类型标签文件
num_classes = len(train_dataset.labels)  # 获取类别个数

# 导入模型
model = pdx.det.YOLOv3(num_classes=num_classes, backbone='DarkNet53')

# 执行模型训练
loss = model.train(
    num_epochs=50,                          # 迭代次数
    train_dataset=train_dataset,            # 训练集
    train_batch_size=4,                     # 单批次输入大小
    eval_dataset=eval_dataset,              # 验证集
    learning_rate=0.000125,                 # 全局学习率
    lr_decay_epochs=[20, 40],               # 全局学习率衰减轮数
    save_interval_epochs=10,                # 每隔 10 轮保存一次模型
    save_dir='output/yolov3_darknet53',     # 模型输出路径
    use_vdl=True)
```

评估商品检测模型

（1）查看模型训练输出内容，如图 10-23 所示。模型训练在 GPU 环境下迭代 50 次大概花费 1h。其中，time_each_step 是指每一步训练所花费的时间。这里每一步通常包括前向传播（模型的预测）、计算损失、后向传播（更新模型参数）等步骤。这个参数可以帮助我们了解模型训练的速度。eta 是预计训练结束的剩余时间，可以帮助我们了解还需要多长时间才能完成所有的训练。需要注意的是，eta 与项目 9 中介绍的 ETA 虽只有大小写的区别，但是含义不同，需要区分开来。由图 10-23 可知，模型训练完成后，并交比 bbox_map 约为 18.42，loss 约为 107.17，可见模型训练效果一般，并且训练时长较长，可以根据需求调整参数进行训练，以提高训练模型的速率或准确率。

```
2023-03-02 07:30:43 [INFO]    [TRAIN] Epoch=50/50, Step=165/185, loss=88.407303, lr=0.000125, time_each_step=0.33s, eta=0:0:31
2023-03-02 07:30:44 [INFO]    [TRAIN] Epoch=50/50, Step=167/185, loss=59.546837, lr=0.000125, time_each_step=0.33s, eta=0:0:31
2023-03-02 07:30:44 [INFO]    [TRAIN] Epoch=50/50, Step=169/185, loss=80.746361, lr=0.000125, time_each_step=0.33s, eta=0:0:30
2023-03-02 07:30:45 [INFO]    [TRAIN] Epoch=50/50, Step=171/185, loss=146.245071, lr=0.000125, time_each_step=0.32s, eta=0:0:29
2023-03-02 07:30:46 [INFO]    [TRAIN] Epoch=50/50, Step=173/185, loss=105.500481, lr=0.000125, time_each_step=0.32s, eta=0:0:28
2023-03-02 07:30:46 [INFO]    [TRAIN] Epoch=50/50, Step=175/185, loss=99.56636, lr=0.000125, time_each_step=0.3s, eta=0:0:28
2023-03-02 07:30:47 [INFO]    [TRAIN] Epoch=50/50, Step=177/185, loss=86.605186, lr=0.000125, time_each_step=0.33s, eta=0:0:27
2023-03-02 07:30:47 [INFO]    [TRAIN] Epoch=50/50, Step=179/185, loss=63.908913, lr=0.000125, time_each_step=0.32s, eta=0:0:27
2023-03-02 07:30:48 [INFO]    [TRAIN] Epoch=50/50, Step=181/185, loss=177.459473, lr=0.000125, time_each_step=0.31s, eta=0:0:26
2023-03-02 07:30:49 [INFO]    [TRAIN] Epoch=50/50, Step=183/185, loss=95.208557, lr=0.000125, time_each_step=0.32s, eta=0:0:25
2023-03-02 07:30:49 [INFO]    [TRAIN] Epoch=50/50, Step=185/185, loss=127.322739, lr=0.000125, time_each_step=0.31s, eta=0:0:25
2023-03-02 07:30:49 [INFO]    [TRAIN] Epoch 50 finished, loss=107.167511, lr=0.000125 .
2023-03-02 07:30:49 [INFO]    Start to evaluating(total_samples=186, total_steps=47)...

100%|███████████| 47/47 [00:14<00:00,  3.32it/s]

2023-03-02 07:31:04 [INFO]    [EVAL] Finished, Epoch=50, bbox_map=18.420723 .
2023-03-02 07:31:09 [INFO]    Model saved in output/yolov3_darknet53/best_model.
2023-03-02 07:31:13 [INFO]    Model saved in output/yolov3_darknet53/epoch_50.
2023-03-02 07:31:13 [INFO]    Current evaluated best model in eval_dataset is epoch_50, bbox_map=18.420723396923982
```

图 10-23　模型训练输出内容

（2）为了查看模型在测试集上的效果，可以使用之前处理好的测试集来评估模型。

```
# 加载模型
model = pdx.load_model('output/yolov3_darknet53/best_model')
# 查看效果
map = model.evaluate(eval_dataset, batch_size=5, epoch_id=None,
metric=None, return_details=False)
print(map)
```

程序输出结果如下。由结果可知，模型在测试集上的效果以 bbox_map 值表示，约为 17.23，与在训练集上的数值相近，但总体偏低。为了优化效果，可以更改训练模型的学习率、迭代次数等参数。

```
OrderedDict([('bbox_map',17.230194708379251)])
```

（3）单击操作栏中的"保存"按钮，保存代码文件，用于提交本项目中的任务，并单击 Logo 图标返回初始路径，如图 10-24 所示。到此，模型开发完成。

图 10-24　保存代码文件

任务 4

部署商品检测模型

任务 3 中完成了 PaddleX 框架的 YOLOv3 的开发，并设置相关参数进行模型训练，得到了模型权重文件。下面基于项目 3 中使用的人工智能开发验证单元来实现模型的部署应用。通过编写相关代码调用模型实现预测，最终实现启动程序。该程序能够调用模型实现零售柜商品检测，返回商品检测的结果，包括检测出的商品类型、置信度等信息，并保存和显示检测结果。

（1）准备模型。任务 3 中模型的保存路径为./output/yolov3_darknet53/best_model，打开best_model 文件夹，可以看到 eval_details.json、model.pdmodel、model.pdopt、model.pdparams和 model.yml 文件。这 5 个文件就是 YOLOv3 网络导出的最优结果，即评估结果详细信息、模型结构、模型优化器状态、模型权重、模型配置文件，如图 10-25 所示。

图 10-25　最佳模型的相关文件

（2）勾选文件复选框，单击"Download"按钮，下载模型文件，如图 10-26 所示。

图 10-26　下载模型文件

（3）打开 image 文件夹，下载待检测图像 test.jpg，如图 10-27 所示。

图 10-27　下载 test.jpg 图像

（4）接通人工智能开发验证单元的电源，并通过本地连接或远程连接的方式进入人工智能开发验证单元的桌面，如图 10-28 所示。

图 10-28　人工智能开发验证单元的桌面

（5）在桌面上创建 projects 文件夹，并在该文件夹下创建 best_model 文件夹和 image 文件夹，如图 10-29 所示。通过 U 盘将在步骤（2）中下载的模型文件存储到 best_model 文件夹中，将步骤（3）中下载的图像存储到 image 文件夹中。

（6）在 projects 文件夹的空白处右击，在弹出的快捷菜单中选择"Open Terminal"选项，打开一个新的终端；在终端命令行中输入以下命令，创建一个名为 predict.py 的 Python 文件，用于编写商品检测代码。

```
gedit predict.py
```

在终端命令行中输入上述命令后，即可打开一个新的文本编辑器，用于编写代码，如

图 10-30 所示。下面将在文本编辑器中编写 Python 代码。

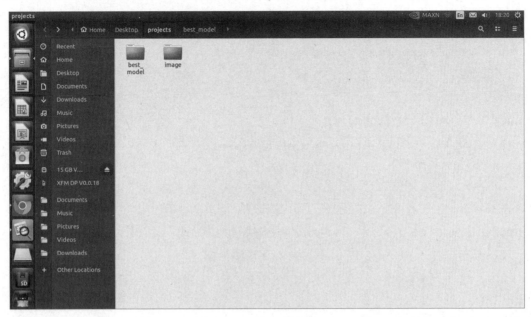

图 10-29　创建文件夹

图 10-30　打开文本编辑器

（7）导入实施本项目所需的模块，其中 paddlex 模块用于加载模型，time 模块用于计算模型推理时间，Matplotlib 和 PIL 模块用于对图像进行处理。

```python
# 导入实施本项目所需模块
import paddlex as pdx                    # 加载模型
import time                              # 时间模块
import matplotlib.pyplot as plt          # 显示图像
from PIL import Image                    # 读取图像
```

（8）导入模型，对 image 文件夹下的图像进行预测，并设置阈值 threshold 对检测结果进行筛选，提取识别度较高的检测结果。同时，输出模型推理时间、检测结果（商品名及置信度）。

```python
model = pdx.load_model('./best_model')              # 加载模型
image_name = './image/test.jpg'                     # 待预测图像
start = time.time()                                 # 获取当前时间
result = model.predict(image_name)                  # 执行预测
print('1.模型推理时间：{:.3f}s'.format(time.time()-start)) # 模型推理时间
print('2.检测结果个数：', len(result))               # 检测结果

count = 0                          # 统计符合要求的个数
threshold = 0.19                   # 设置阈值
cls_list = []                      # 保存检测类型
score_list = []                    # 保存置信度
# 遍历检测结果
for value in result:
    cls = value['category']        # 检测信息
    score = value['score']         # 置信度
    if score < threshold:
        continue
    count += 1
    cls_list.append(cls)
    score_list.append(score)
print('3.不满足 threshold 值的个数：', len(result)-count)
print('4.满足 threshold 值的检测结果：\n')
for i,t in zip(cls_list,score_list):
print("商品名：",i,"置信度:",t)
```

（9）对结果进行可视化显示。将阈值设置为 0.19，表示当商品检测置信度大于 0.19 时绘制检测框；将绘制好的图像保存在当前目录下；加载图像，并利用 plt 模块进行可视化显示。

```python
# 结果可视化
# 将阈值设置为 0.19，并将绘制好的图像保存在当前目录下
pdx.det.visualize(image_name, result, threshold=0.19, save_dir='./')
img = Image.open("./visualize_test.jpg")   # 读取图像
plt.figure(figsize=(15,12))                 # 设置画布比例
plt.imshow(img)                             # 读取图像信息
plt.axis('off')                             # off 参数表示关闭坐标轴
plt.show()                                  # 显示图像
```

（10）将上述代码写入 predict.py 的文本编辑器之后，单击"Save"按钮，保存代码，单击关闭窗口按钮，关闭文本编辑器，如图 10-31 所示。

图 10-31　保存代码并关闭文本编辑器 1

（11）在 projects 文件夹下可以看到生成的 predict.py 文件。在终端命令行中输入以下命令，运行 predict.py 文件，即可查看商品检测模型输出的检测结果，以及检测结果图像，同时在当前目录下生成一张 result.jpg 商品检测结果图像。

```
python3 predict.py
```

程序输出结果如图 10-32 所示。由程序输出结果可知，检测到的结果共 98 个，其中不满足阈值的结果共 81 个，满足阈值的检测结果有雪碧、可乐、芬达、零度可乐类型；模型检测的最高置信度约为 0.7169。置信度越接近 1，模型效果越好。由此可以判断该商品检测模型的效果一般。

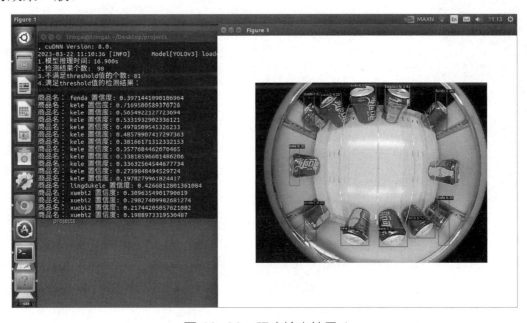

图 10-32　程序输出结果 1

![小提示图标] 小提示

为什么检测结果不是很好呢

由检测结果图像可知，基于 YOLOv3 网络对零售柜商品检测的效果存在部分误识别（把可乐误识别为雪碧、芬达）和部分漏检。这是因为在目标检测中，商品的相似性（如可乐、雪碧和芬达的易拉盖部分都是白色的）会对检测结果产生影响，并且数据集数量、数据标注情况、商品在柜里的位置、光线和遮挡等问题都会对模型的准确性造成影响。为了优化这一问题，可以从更多的角度和不同光线下采集图像，进一步提高商品识别的准确率。为了训练一个好的 YOLOv3，需要使用包含 1000 张以上图像的数据集，并且进行多次模型迭代。由于本项目仅有 928 张图像，迭代次数较少，训练时间较短，因此导致检测效果不够理想。读者可以根据自身需求进行训练，如增加数据集的数量、改变迭代次数等。虽然这样会增加模型训练时间，但对提升模型的效果有显著影响。

在上面的步骤中，完成了在人工智能开发验证单元中部署商品检测模型，并对商品图像进行了预测及可视化显示。下面将调试人工智能开发验证单元摄像头，实现摄像头下的实时检测。

（12）首先返回 projects 文件夹下，如图 10-33 所示。

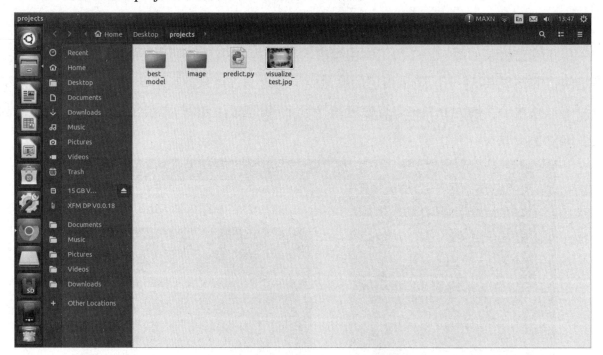

图 10-33　返回 projects 文件夹下

（13）在 projects 文件夹的空白处右击，在弹出的快捷菜单中选择 "Open Terminal" 选项，打开一个新的终端；在终端命令行中输入以下命令，创建一个名为 predict_camera.py 的 Python 文件，用于编写商品摄像头检测代码。

```
gedit predict_camera.py
```

（14）在终端命令行中输入上述命令后，即可打开一个新的文本编辑器，用于编写代码。在文本编辑器中编写 Python 代码。导入实施本项目所需的模块，其中 cv2 模块用于对摄像头捕获的画面进行处理与显示，numpy 模块用于对图像数组进行处理，paddlex 模块用于加载模型。

```
# 导入实施本项目所需的模块
import cv2                    # 处理与显示图像
import numpy as np           # 处理数组
import paddlex as pdx        # 加载模型
```

（15）导入模型，同时调用摄像头（0 表示本地摄像头，1 表示外接摄像头），并设置摄像头的显示比例和像素，以提高运算效率。

```
# 加载模型
model = pdx.load_model('./best_model')
# 调用本地摄像头
cap = cv2.VideoCapture(0)
# 设置摄像头的显示比例和像素
cap.set(3,640)
cap.set(4,480)
```

（16）加载摄像头以获取每一帧图像，预处理后将其传入模型进行预测，并遍历检测结果，以获取检测目标的坐标信息（xmin、ymin、w、h）、标签（cls）和置信度（score）；根据设定的阈值筛选目标对象，并利用 OpenCV 绘制检测框和添加标注信息；将处理好的图像实时显示在摄像头界面上。

```
while True:
    ret,frame = cap.read()
    threshold = 0.2                            # 阈值
    image = cv2.resize(frame,(224,224))        # 调整图像的大小
    result = model.predict(image)              # 执行预测
    font = cv2.FONT_HERSHEY_SIMPLEX            # 字体格式
    for value in result:                       # 遍历结果
        # 获取位置信息
        xmin, ymin, w, h = np.array(value['bbox']).astype(np.int)
        cls = value['category']                # 标签信息
        score = value['score']                 # 置信度
        if score < threshold:
            continue
        # 打印检测结果
```

```
            print('检测结果: ', cls)
            # 添加检测框和标注信息
            cv2.rectangle(frame, (xmin, ymin), (xmin+w, ymin+h), (0, 255, 0), 4)
            cv2.putText(frame, '{:s} {:.3f}'.format(cls, score),
                        (xmin, ymin), font, 0.5, (255, 0, 255), thickness=2)
    # 显示图像
    cv2.imshow('test',frame)
    # 关闭摄像头
        if (cv2.waitKey(1) & 0xFF) == ord('q'):
            break
    # 释放资源
    cv2.release()
    cv2.destroyALLWindows()
```

（17）将上述代码写入 predict_camera.py 的文本编辑器后，单击"Save"按钮，保存代码，单击关闭窗口按钮，关闭文本编辑器，如图 10-34 所示。

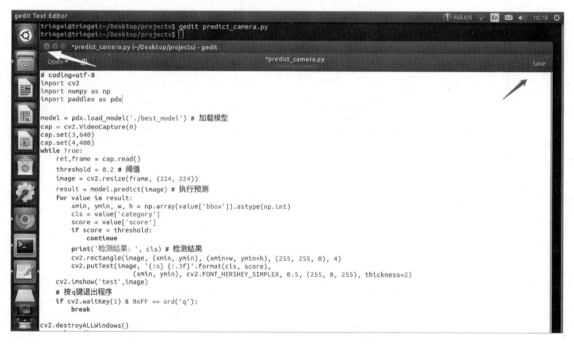

图 10-34　保存代码并关闭文本编辑器 2

（18）在 projects 文件夹下可以看到生成的 predict_camera.py 文件。在终端命令行中输入以下命令，运行 predict_camera.py 文件，即可查看商品检测模型输出的检测结果，以及摄像头的实时检测结果。

```
python3 predict_camera.py
```

程序输出结果如图 10-35 所示。其中，左侧为摄像头实时界面，右侧为商品检测模型输出的检测结果。这里已正确对商品目标对象进行检测，但由于训练集的图像都是从零售柜摄像头拍摄的商品照片中截取的，与这里的摄像头实时界面存在偏差，因此准确率可能会受到影响。至此，商品检测模型已部署到人工智能开发验证单元中并进行应用。

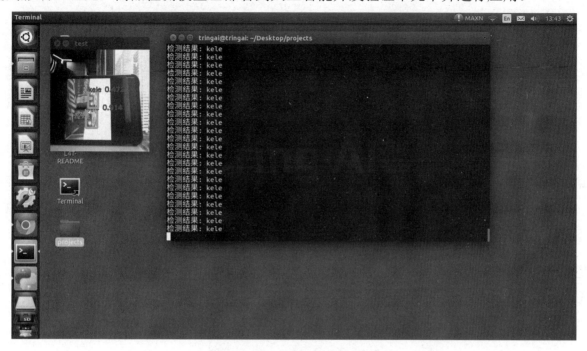

图 10-35　程序输出结果 2

拓展学习

建议学生以 2 人或 3 人为一个小组开展拓展学习，在实施过程中充分讨论，互相学习和验证，最终共同完成拓展学习任务。

拓展学习 1：本项目通过导入 PaddlePaddle 框架中的 YOLOv3 实现了目标检测。请查阅资料，了解 PaddlePaddle 框架中还预置了哪些目标检测的算法模型，并在表 10-1 中填写导入代码。

表 10-1　PaddlePaddle 预置的其他目标检测模型

序号	目标检测模型	导入方法
1		
2		
3		

拓展学习 2：请编写程序，完成以下任务。

（1）尝试调整 model.train 训练的超参数，如全局学习率、迭代次数等。

（2）对不同超参数模型进行训练，查看训练效率。

（3）对比不同超参数模型的检测效果。

（4）提供 3 张不同超参数模型对零售柜商品进行检测的结果图。

思政课堂

提升个人素养，争做守法公民

近年来，智能零售柜的快速发展对社会产生了深远的影响，如提升了消费体验、降低了运营成本，以及加强了供应链的管理等。然而，智能零售柜的发展也引发了一系列诸如隐私泄露、知识产权侵犯、欺诈行为等问题。

《中华人民共和国数据安全法》于2021年9月1日正式施行。这是我国首部数据安全领域的基础性立法。该安全法中的第二十七条规定：开展数据处理活动应当依照法律、法规的规定，建立健全全流程数据安全管理制度，组织开展数据安全教育培训，采取相应的技术措施和其他必要措施，保障数据安全。利用互联网等信息网络开展数据处理活动，应当在网络安全等级保护制度的基础上，履行上述数据安全保护义务。

从事人工智能、大数据等相关行业的人员，应该时刻关注相关的法律法规、行业规范等，培养个人法治意识和职业素养，共同推进新兴行业的可持续发展。

一、项目目标

在学习完本项目后，将自己对知识的掌握情况填入表 10-2，并对相应项目目标进行难度评估。评估方法：给相应项目目标后的☆涂色，难度系数范围为 1～5。

表 10-2　项目目标自测表

项目目标	目标难度评估	是否掌握（自评）
熟悉传统目标检测方法的基本流程	☆☆☆☆☆	
掌握深度学习目标检测方法的两种类别	☆☆☆☆☆	
熟悉 YOLO 系列算法的原理及 YOLOv3 的特点	☆☆☆☆☆	
掌握目标检测模型的评估指标	☆☆☆☆☆	
能够通过训练 YOLOv3 实现零售柜商品检测	☆☆☆☆☆	
能够将目标检测模型部署在端侧设备上进行实时检测	☆☆☆☆☆	
培育法治意识和数据安全意识	☆☆☆☆☆	

二、项目分析

本项目介绍了目标检测的进阶知识，并训练 YOLOv3 实现了零售柜商品检测。请结合分析，将项目具体实践步骤（简化）填入图 10-36 中的方框。

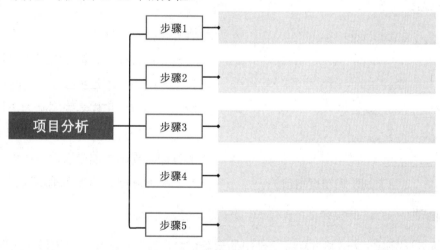

图 10-36　项目分析步骤

三、知识抽测

1. 基于传统机器学习的目标检测的基本流程如图 10-37 所示，请在横线处填写缺失内容。

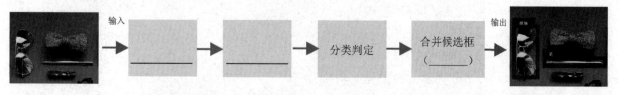

图 10-37　基于传统机器学习的目标检测的基本流程 2

2. 深度学习目标检测算法主要分为两种，请将对应内容进行连线。

对检测精度要求较高的场景   One-Stage 目标检测算法

R-CNN

YOLOv3

SPP-Net

RetinaNet

需要实时反馈的场景   Two-Stage 目标检测算法

Fast R-CNN

SSD 系列

3. 请查阅资料，了解更多深度学习目标检测算法，参考表 10-3 中的第 1 项填写其他 3 种目标检测算法。

表 10-3 深度学习目标检测算法

序号	算法	提出时间	特点
1	YOLOv3	2018 年	引入了 FPN 来实现多尺度预测，同时使用了更加优秀的基础网络 Darknet-53，可以提取出更丰富的图像特征，实现了速度与精度的平衡
2			
3			
4			

4. 到目前为止，读者已经了解了多个用于评估模型效果的评估指标，请在横线处填写缺失内容，并将对应内容进行连线。

_____（Accuracy）   所有正样本中预测正确的比例

F_1-分数   用来评价目标检测算法的对象定位精度

_____（Recall）   预测正确的样本数量数除以所有样本数量

_____（Precision）   所有被预测为正样本中实际为正样本的比例

假正类率（_____）   对检测到的目标平均精度的综合评价

IoU（_____）   所有的负样本中被错误地预测为正样本的比例

_____（各类别平均精度均值）   精确率和召回率的调和平均数

四、实训抽测

1. 以下是某张图像的 xml 格式标签文件中的部分信息，请用方框标出该图像的文件名称、图像的大小、图像中包含的目标类别名称及其左上角坐标和右下角坐标。

```xml
<?xml version="1.0" ?><annotation>
  <folder>1</folder>
  <filename>5.jpg</filename>
  <source>
    <database>CKdemo</database>
    <annotation>VOC</annotation>
    <image>CK</image>
```

```
</source>
<size>
  <width>960</width>
  <height>720</height>
  <depth>3</depth>
</size>
<segmented>0</segmented>
<object>
  <name>rancha-1</name>
  <pose/>
  <truncated>0</truncated>
  <difficult>0</difficult>
  <bndbox>
    <xmin>639</xmin>
    <ymin>465</ymin>
    <xmax>741</xmax>
    <ymax>564</ymax>
  </bndbox>
</object>
<object>
  <name>kele-b</name>
  <pose/>
  <truncated>0</truncated>
  <difficult>0</difficult>
  <bndbox>
    <xmin>776</xmin>
    <ymin>368</ymin>
    <xmax>858</xmax>
    <ymax>444</ymax>
  </bndbox>
</object>
```

2. 本项目导入了 transforms.Compose 模块对训练集进行图像预处理，请在横线处填写缺失内容。

```
# 导入实施本项目所需的模块
from paddlex.det import transforms
# 定义训练集图像预处理参数
train_transforms = transforms.Compose([
    transforms.MixupImage(mixup_epoch=250),        # 对图像进行_____
    transforms.RandomDistort(),                    # 对图像进行随机像素变换
    transforms.RandomExpand(),                     # 对图像进行_____
    transforms._____,                              # 随机裁剪图像
    transforms._____(target_size=608, interp='RANDOM'),  # 调整图像的大小
```

```
        transforms.RandomHorizontalFlip(),              # 随机水平翻转图像
        transforms.Normalize(),                         # 对图像进行_____
])
```

3．在训练 YOLOv3 时，可以设置相关训练参数，请在横线处填写缺失内容。

＿＿＿＿＿＿（epochs）	每次网络对多少个样本进行学习的度量
批次大小（＿＿＿＿＿）	用于防止模型过拟合
＿＿＿＿＿（Learning Rate）	决定模型如何更新权重
＿＿＿＿＿（Optimizer）	训练的轮数
正则化参数（Regularization Parameter）	决定模型在训练过程中的学习速度

4．本项目将模型部署到端侧设备上，并调用摄像头拍摄图像进行检测，请在横线处填写缺失内容。

```
# 加载模型
model =＿＿＿＿＿＿＿('./best_model')
# 准备摄像头
cap = ＿＿＿＿＿＿＿＿＿＿＿＿
# 设置摄像头的显示比例和像素
cap.set(3,640)
cap.set(4,480)
```

项目 **11**

基于 U-Net 实现服饰分割

案例导入

在电商销售中，传统的服饰推荐方法主要基于用户的历史行为数据和服饰属性信息，如颜色、款式、品牌等，但是这些信息往往难以捕捉到服饰的视觉特征和细节，导致推荐效果不佳。图像分割技术可以将服饰图像中的每个像素标注为具体类别，如衣服、裤子、鞋子等，从而提取出服饰的图像特征，进一步优化推荐效果。

思考：在电商推荐系统中，除了图像分割技术，还有哪些关键技术？

学习目标

（1）熟悉传统的图像分割方法。

（2）熟悉深度学习图像分割算法——U-Net。

（3）能够基于 PaddlePaddle 框架来训练 U-Net 模型。

（4）能够将服饰分割模型部署到服务器上。

（5）了解乡村振兴战略。

项目描述

本项目要求基于上述案例场景，使用 PaddlePaddle 框架来搭建 U-Net 模型，对图 11-1（a）进行服饰分割操作。图 11-1 所示为服饰分割效果。

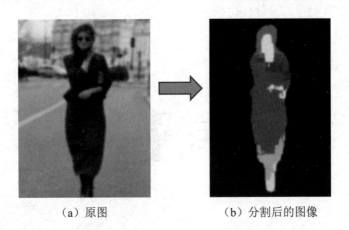

（a）原图　　　　　　　（b）分割后的图像

图 11-1　服饰分割效果

项目分析

本项目首先介绍图像分割的进阶知识，然后介绍如何训练 U-Net 模型来实现服饰分割，具体分析如下。

（1）学习传统的图像分割方法，并重点理解基于边缘检测的分割方法。

（2）熟悉深度学习图像分割算法 U-Net，着重了解其网络结构的组成。

（3）能够基于 PaddlePaddle 框架来搭建 U-Net 模型并进行训练。

（4）能够绘制损失曲线来评估模型效果，并将最佳模型部署到服务器上。

知识准备

图 11-2 所示为基于 U-Net 实现服饰分割的思维导图。

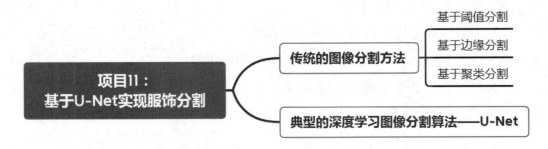

图 11-2　基于 U-Net 实现服饰分割的思维导图

知识点 1：传统的图像分割方法

传统的图像分割方法是早期的分割手段，它们大多简单、有效，经常作为图像处理的预处理步骤，用于获取图像的关键特征信息，提升图像分析的效率。常见的传统图像分割方法主要包括基于阈值分割、基于边缘分割、基于聚类分割。

1）基于阈值分割

基于阈值分割是指将像素的灰度值与预先设定的阈值进行比较，并根据比较结果将像素分为不同的区域。该方法首先将彩色图像转换为灰度图像，然后设定一个灰度值，如 127。如果灰度值大于或等于 127，则使用一种颜色填充灰度值大于或等于 127 的部分；如果灰度值小于 127，则使用另一种颜色填充灰度值小于 127 的部分。基于阈值分割如图 11-3 所示。

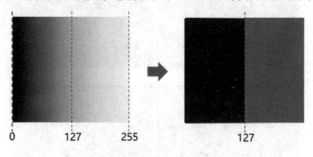

图 11-3　基于阈值分割

2）基于边缘分割

基于边缘分割是指通过检测图像中的边缘信息，将图像分割成具有不同边缘的区域。通常，这种方法通过检测图像中灰度值变化较大的区域来获取边缘信息，并利用这些边缘信息进行图像分割。基于边缘分割如图 11-4 所示。

图 11-4　基于边缘分割

基于边缘检测的图像分割方法一般直接借助微分算子进行卷积运算来实现分割，过程简单快捷，性能相对优良，是较为常用的传统边缘检测法。常用的边缘检测微分算子主要包括 Roberts、Sobel、Prewitt、LOG、Canny，其分割效果如图 11-5 所示。

3）基于聚类分割

基于聚类分割是指使用聚类算法，通过计算像素点之间的相似性，将图像像素分为不同的簇，每一个簇对应图像分割的一个子区域。在如图 11-6 所示的基于聚类分割中，像素 50 和像素 100 是最接近的，具有比较高的相似性，因此被归类到同一个簇中，而像素 255 与它们的距离较远，因此被分到另一个簇中。

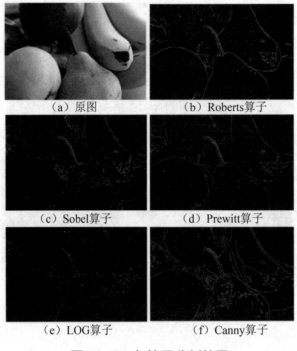

(a) 原图　　　　　　　(b) Roberts算子

(c) Sobel算子　　　　　(d) Prewitt算子

(e) LOG算子　　　　　(f) Canny算子

图 11-5　各算子分割效果

图 11-6　基于聚类分割

知识点 2：典型的深度学习图像分割算法——U-Net

为应对图像分割场景日益复杂化的挑战，研究者们提出了一系列基于深度学习的图像语义分割方法，这些方法实现了更加精准且高效地分割，进一步推广了图像分割的应用范围。基于深度学习的图像分割是指使用深度学习模型，从大量数据中自动学习、提取图像分割的模式或特征，并将这些模式或特征应用于新的图像中进行分割。图像分割常见的神经网络包括 FCN、U-Net、PSPSet、DeepLab、Mask R-CNN 等。下面重点介绍本项目所使用的模型——U-Net。

U-Net 被提出的初衷是解决医学图像分割的问题，使用一种如图 11-7 所示的 U 型网络结构来获取上下文的信息和位置信息。U-Net 网络在 2015 年的 ISBI Cell Tracking 比赛中获得了多个第一名。

U-Net 是一种编码器-解码器（Encoder-Decoder）结构的全卷积神经网络，其中编码器和解码器之间有一个"瓶颈"层，通过激活函数实现了对每个像素属于各个类别的预测，完成了图像分割的过程。下面详细解析 U-Net 中各部分的功能。

（1）编码器（左侧网络）：主要用于提取图像的特征，由一系列卷积层和下采样层组成。卷积层用于提取图像的特征，而下采样层则用于减小图像的尺寸，使得我们能获取更抽象、更全局的特征。

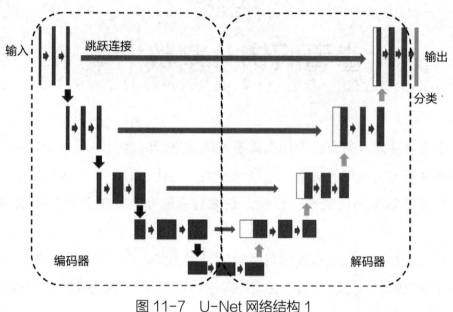

图 11-7　U-Net 网络结构 1

（2）解码器（右侧网络）：用于根据编码器提取的特征进行像素级的预测，从而实现图像的分割。解码器主要由上采样层和卷积层组成。上采样层用于恢复图像的尺寸，使其与原图保持一致，而卷积层则用于进一步提取特征和进行预测。

（3）跳跃连接：U-Net 中的一个重要特性是它在编码器和解码器之间引入了跳跃连接。跳跃连接的作用是拼接编码器和解码器中相同尺寸的特征图，使低级和高级的特征相互结合，从而提高分割的准确性。

项目实施

本项目针对服饰图像进行图像分割操作，并展示实训成果。

实训目的： 通过实训掌握基于 U-Net 模型的图像分割实现方法，并将其应用到人工智能项目场景中。

实训要求： 学生以 2 人或 3 人为一个小组，在实训过程中充分讨论、学习和验证，最终共同完成实训任务。

目标成果： 基于 U-Net 实现服饰分割.ipynb、图像分割前后对比截图.png。

查看服饰分割数据集

在进行图像清洗前，先介绍为什么需要对图像进行清洗。对机器学习模型来说，模型的性能和准确度都与所使用的数据质量密切相关。因此，对于非数据集分辨率的图像进行去除是为了提高数据集的质量和一致性。在编写去除非数据集分辨率图像前，需要先查看数据集。

（1）打开人工智能交互式在线学习及教学管理系统，进入控制台页面，单击"人工智能在线实训及算法校验"选项中的"启动"按钮，启动人工智能在线实训及算法校验环境，如图11-8所示。

图11-8　启动人工智能在线实训及算法校验环境

（2）启动人工智能在线实训及算法校验环境后，可以看到其中有一个名为unet_data的文件夹。该文件夹中存储的是本项目需要处理的相关数据。单击unet_data文件夹，打开该文件夹，查看其中的文件。打开unet_data文件夹后，可以看到如下结构。其中，IMAGES文件夹中存储的是本项目需要处理的图像，MASKS文件夹中存储的是对应的三元图像文件。前者作为训练的输入数据，后者作为对应的标签数据。本次使用的数据集包含1000张图像和1000个相应的语义分割掩码，每个掩码的大小为825像素×550像素，采用png格式。该数据集共59类分类标签，第一类是个人的背景，其余的是衬衫、头发、裤子、皮肤、鞋子、眼镜等服装类。

```
unet_data.
├──png_images
│    └──IMAGES
│         ├──img_0001.png
│         ├──img_0002.png
│         ├──img_0003.png
│         ......
│         ├──img_1000.png
└──png_masks
     └──MASKS
          ├──seg_0001.png
          ├──seg_0002.png
          ├──seg_0003.png
          ......
          ├──seg_1000.png
```

📄 小提示

语义分割掩码是在图像分割任务中使用的一种数据结构。它用于标注图像中的像素，将同一类别的所有像素赋予相同的值（标签）。

（3）分别打开对应文件夹中的文件，查看图像内容，如图 11-9 所示。从对应的语义分割掩码中可以看到，不同的标签（如上衣、裙子、眼镜、头发等）都以不同的灰度显示在图像中。

（a）原图

（b）对应的语义分割掩码

图 11-9　查看图像内容

任务2

清洗服饰分割数据集

采集数据后，往往会存在噪声、缺失数据、不规则数据等各种问题。因此，需要对这些数据进行清洗和整理工作，以确保数据质量良好，并减少噪声和错误对机器学习算法的影响。

（1）返回初始路径，单击页面右侧的"New"下拉按钮，在弹出的下拉列表中选择"Python 3"选项（见图 11-10），创建 Jupyter Notebook。

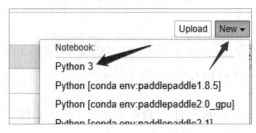

图 11-10　选择"Python 3"选项

（2）创建 Jupyter Notebook 后，单击"Untitled"按钮，输入"数据清洗"，单击"Rename"按钮进行重命名，如图 11-11 所示。

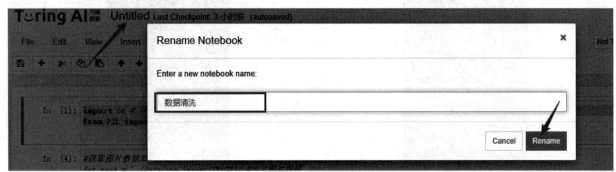

图 11-11　重命名

（3）创建 Jupyter Notebook 后，即可在代码编辑块中编写代码。首先，导入实施本任务所需的库，定义需要处理的图像数据集路径；然后，使用 os.listdir()方法列出 IMAGES 文件夹下的所有文件；最后，使用循环遍历所有文件，获取每个文件的分辨率，并将获取到的分辨率与数据集的分辨率（825 像素×550 像素）进行比较。如果分辨率不相等，则删除该图像并打印被删除的图像名称。注意：为了模拟数据清洗的情况，编者已先向图像数据集中混入了 1.png、2.png 等 4 张非目标分辨率图像。

```
import os                                        # 导入操作系统模块
from PIL import Image                            # 导入图像处理库 PIL
# 删除非目标分辨率图像
dst_root = './unet_data/png_images/IMAGES/'      #定义图像路径
files=os.listdir(dst_root)                       #列出路径下的所有文件
for file in files:
    get_size=Image.open(dst_root+file).size      #获取图像分辨率
if get_size!=(550,825):
    os.remove(dst_root+file)                     #删除与数据集不匹配的图像
    print(file)                                  #打印被删除的图像名称
```

程序运行结果如下。由程序运行结果可知，事先混入的非目标分辨率图像已经被找到并删除。

```
2.png
3.png
4.png
1.png
```

任务 3

划分服饰分割数据集

（1）返回初始路径，单击 MiscPackage.py 文件查看封装的函数，如图 11-12 所示。由于部分函数及类过长，因此编者提前将其封装在该文件中。在 MiscPackage.py 文件中，已封装了 sort_images() 函数（用于对文件夹中的图像按照文件名称进行排序）、write_file() 函数（用于写入对应数据）、TrappingsDataset 类（用于简化数据集的定义）、Encoder 类（用于搭建编码器）、Decoder 类（用于搭建解码器），以及 U-Net 类（用于搭建 U-Net 网络结构）。

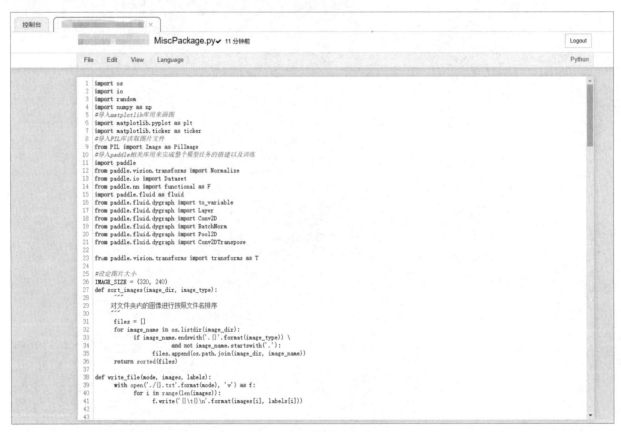

图 11-12　查看封装的函数

（2）返回初始路径后，单击页面右侧的"New"下拉按钮，在弹出的下拉列表中选择"Python [conda env:paddlepaddle2.0_gpu]"选项（见图 11-13），创建 Jupyter Notebook。

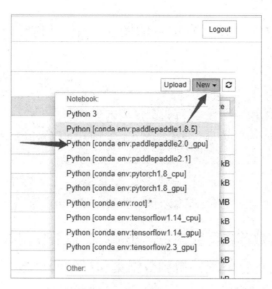

图11-13 选择"Python [conda env:paddlepaddle2.0_gpu]"选项 1

（3）创建 Jupyter Notebook 后，单击"Untitled"按钮，输入"服饰分割"，单击"Rename"按钮进行重命名。

（4）导入实施本任务所需的库。

```python
#导入实施本任务所需的库
import os
import io
import random                              #生成随机数
import numpy as np                         #数学运算
import matplotlib.pyplot as plt            #画图
import matplotlib.ticker as ticker         #导入 Matplotlib 的定位和格式化库
from PIL import Image as PilImage          #读取图像文件
import paddle                              #深度学习框架
from paddle.vision.transforms import Normalize      #标准化库
from paddle.io import Dataset              #数据集库
from paddle.nn import functional as F      #函数库
import paddle.fluid as fluid               #框架库
from paddle.fluid.dygraph import to_variable        #动态图
from paddle.fluid.dygraph import Layer              #所有神经网络层的父类
from paddle.fluid.dygraph import Conv2D             #卷积层
from paddle.fluid.dygraph import BatchNorm          #批归一化层
from paddle.fluid.dygraph import Pool2D             #池化层
from paddle.fluid.dygraph import Conv2DTranspose    #反卷积层
from paddle.vision.transforms import transforms as T      #数据预处理
from MiscPackage import *                           #自定义的 MiscPackage 库
```

（5）定义一些基础参数。定义图像的大小，以便后续在缩放图像时使用，设定数据集图像与对应掩码图像的位置，设置本项目的图像数量，以便下一步对训练集和验证集的划分。

```
#基本参数定义
IMAGE_SIZE = (320, 240)        #定义图像的大小
train_images_path = "./unet_data/png_images/IMAGES/" #设定数据集图像的位置
#设定标签（掩码图像）的位置
label_images_path = "./unet_data/png_masks/MASKS/"
image_count = 1000             #本项目一共提供了1000张图像作为数据集
```

（6）由于所有文件都散落在文件夹中，在训练时需要使用数据集和标签对应的数据关系，因此先对原始数据集进行整理，得到数据集和标签两个数组，确保它们一一对应。因为图像数据和标签文件只有扩展名不同，所以可以按照文件名称进行排序。首先，对图像和对应标签进行排序。下面程序中的 sort_images()函数和 write_file()函数已经封装在MiscPackage.py 库中，可以直接调用。然后，划分出训练集和测试集。

```
#划分训练集、测试集
images = sort_images(train_images_path, 'png')#对图像进行排序
labels = sort_images(label_images_path, 'png')#对标签进行排序
eval_num = int(image_count * 0.15) #将切分索引设置为图像数量*0.15
#将数据集前的85%作为训练集
write_file('train', images[:-eval_num], labels[:-eval_num])
#将数据集后的15%作为测试集
write_file('test', images[-eval_num:], labels[-eval_num:])
#为方便起见，这里直接使用测试集进行预测，因此划分方法相同
write_file('predict', images[-eval_num:], labels[-eval_num:])
```

（7）划分好数据集后，验证数据集是否符合预期。先通过读取划分的配置文件中的图像路径来加载图像数据，再使用 Matplotlib 进行展示。需要注意的是，对于分割的标签文件，由于其是1通道的灰度图像，因此在使用 imshow 接口时需要注意传参 cmap='gray'。

```
#以只读方式打开 train.txt
with open('./train.txt', 'r') as f:
    #设置图像计数变量 i
    i = 0
    #逐行读取文件，并将每行赋值给 line
    for line in f.readlines():
        #使用制表符\t分隔图像和掩码
        image_path, label_path = line.strip().split('\t')
        image = np.array(PilImage.open(image_path))     #读取图像
        label = np.array(PilImage.open(label_path))     #读取掩码图像
```

```
#判断图像计数是否大于 2
if i > 2:
    break
#展示图像
plt.subplot(1,2,1),
plt.title('Train Image')        #设置图像的标题
plt.imshow(image)               #设置需要显示的图像
plt.axis('off')                 #使用 plt.axis 关闭坐标轴
plt.subplot(1,2,2),
plt.title('Label')              #设置图像的标题
#设置显示的图像,其中 cmap 为调整显示颜色参数,gray 表示黑色,gray_r 表示取反
plt.imshow(label, cmap='gray')
plt.axis('off')                 #使用 plt.axis 关闭坐标轴
plt.show()                      #显示图像
i = i + 1                       #图像计数加 1
```

　　程序运行结果如图 11-14 所示。由程序运行结果可知,程序成功找出了图像数据与其对应的掩码图像。

图 11-14　程序运行结果 1

训练服饰分割模型

（1）创建一个模型的实例，并输出其网络结构。

```
#调用自定义的 Callback 类
loss_log = LossCallback()
#创建模型对象并打印模型结构
num_classes = 59 #定义分类数量
network = UNet(num_classes)          #创建 UNet 类的实例，并指定输出维度
model = paddle.Model(network)        #创建对象，表示神经网络的整个训练和评估管道
model.summary((-1, 3,) + IMAGE_SIZE)  #打印网络结构摘要
```

程序运行后，网络结构摘要如图 11-15 所示。

Layer (type)	Input Shape	Output Shape	Param #
Conv2D-1	[[1, 3, 320, 240]]	[1, 64, 320, 240]	1,792
BatchNorm-1	[[1, 64, 320, 240]]	[1, 64, 320, 240]	256
Conv2D-2	[[1, 64, 320, 240]]	[1, 64, 320, 240]	36,928
BatchNorm-2	[[1, 64, 320, 240]]	[1, 64, 320, 240]	256
Pool2D-1	[[1, 64, 320, 240]]	[1, 64, 160, 120]	0
Encoder-1	[[1, 3, 320, 240]]	[[1, 64, 320, 240], [1, 64, 160, 120]]	0
Conv2D-3	[[1, 64, 160, 120]]	[1, 128, 160, 120]	73,856
BatchNorm-3	[[1, 128, 160, 120]]	[1, 128, 160, 120]	512
Conv2D-4	[[1, 128, 160, 120]]	[1, 128, 160, 120]	147,584
BatchNorm-4	[[1, 128, 160, 120]]	[1, 128, 160, 120]	512
Pool2D-2	[[1, 128, 160, 120]]	[1, 128, 80, 60]	0
Encoder-2	[[1, 64, 160, 120]]	[[1, 128, 160, 120], [1, 128, 80, 60]]	0
Conv2D-5	[[1, 128, 80, 60]]	[1, 256, 80, 60]	295,168
BatchNorm-5	[[1, 256, 80, 60]]	[1, 256, 80, 60]	1,024
Conv2D-6	[[1, 256, 80, 60]]	[1, 256, 80, 60]	590,080
BatchNorm-6	[[1, 256, 80, 60]]	[1, 256, 80, 60]	1,024
Pool2D-3	[[1, 256, 80, 60]]	[1, 256, 40, 30]	0
Encoder-3	[[1, 256, 80, 60]]	[[1, 256, 80, 60], [1, 256, 40, 30]]	0
Conv2D-7	[[1, 256, 40, 30]]	[1, 512, 40, 30]	1,180,160
BatchNorm-7	[[1, 512, 40, 30]]	[1, 512, 40, 30]	2,048
Conv2D-8	[[1, 512, 40, 30]]	[1, 512, 40, 30]	2,359,808
BatchNorm-8	[[1, 512, 40, 30]]	[1, 512, 20, 15]	2,048
Pool2D-4	[[1, 512, 40, 30]]	[1, 512, 20, 15]	0
Encoder-4	[[1, 256, 40, 30]]	[[1, 512, 40, 30], [1, 512, 20, 15]]	0
Conv2D-9	[[1, 512, 20, 15]]	[1, 1024, 20, 15]	525,312
BatchNorm-9	[[1, 1024, 20, 15]]	[1, 1024, 20, 15]	4,096
Conv2D-10	[[1, 1024, 20, 15]]	[1, 1024, 20, 15]	1,049,600
BatchNorm-10	[[1, 1024, 20, 15]]	[1, 1024, 20, 15]	4,096
Conv2DTranspose-1	[[1, 1024, 20, 15]]	[1, 512, 40, 30]	2,097,664
Conv2D-11	[[1, 1024, 40, 30]]	[1, 512, 40, 30]	4,719,104
BatchNorm-11	[[1, 512, 40, 30]]	[1, 512, 40, 30]	2,048
Conv2D-12	[[1, 512, 40, 30]]	[1, 512, 40, 30]	2,359,808
BatchNorm-12	[[1, 512, 40, 30]]	[1, 512, 40, 30]	2,048
Decoder-1	[[1, 512, 40, 30], [1, 1024, 20, 15]]	[1, 512, 40, 30]	0
Conv2DTranspose-2	[[1, 512, 40, 30]]	[1, 256, 80, 60]	524,544
Conv2D-13	[[1, 512, 80, 60]]	[1, 256, 80, 60]	1,179,904
BatchNorm-13	[[1, 256, 80, 60]]	[1, 256, 80, 60]	1,024

图 11-15　网络结构摘要

（2）创建实例后，即可对模型进行训练。首先读取训练集和验证集，然后定义优化器，最后将定义好的优化器和损失函数输入模型准备函数 model.prepare()。在 U-Net 中，由于需要处理大量的像素级数据，因此使用 RMSProp 优化器可以加快模型的训练速度，提高模型的性能。RMSProp 优化器通过维护历史梯度平方的移动平均值来自适应地调整全局学习率。这种方法可以防止全局学习率下降过快或过慢，有助于避免梯度消失或爆炸的问题。

```python
#获取训练集和验证集
train_dataset = TrappingsDataset(mode='train')       # 训练集
val_dataset = TrappingsDataset(mode='test')          # 验证集
#定义优化器
optim = paddle.optimizer.RMSProp(learning_rate=0.001,   #全局学习率
                        rho=0.9,          #等式中的 rho，默认为 0.9
                        momentum=0.0,     #等式中的动量项，默认为 0.0
                        epsilon=1e-07,    #等式中的平滑项，默认为 1e-6
                        #通过梯度的估计方差对梯度进行归一化
                        centered=False,
                        #指定优化器需要优化的参数，此处默认优化所有参数
                        parameters=model.parameters())
#输入优化器和损失函数
model.prepare(optim, paddle.nn.CrossEntropyLoss(axis=1))
```

（3）使用 model.fit() 函数训练模型，完成整个训练大概需要 20min。在训练完成后，使用 model.save() 函数保存模型。其中，model.save() 函数主要有两个参数，第一个参数表示模型的存储路径，第二个参数为 training。若将 training 设置为 False，则表示在保存模型时将所有与训练相关的层设置为推理模式。这意味着在保存模型后使用该模型进行预测时，会直接使用训练得到的参数进行推理。若将 training 设置为 True，则表示在保存模型时与训练相关的层都保持训练模式。也就是说，当后续使用这个模型时，这个模型会继续训练。在一般情况下，我们在保存模型时会将模型设置为推理模式，方便将这个模型用于预测。

```python
#启动模型训练
model.fit(train_dataset,
        val_dataset,
        epochs=9,
        batch_size=8,
        verbose=1,
        callbacks=[loss_log],
        )
#保存模型
```

```
model.save('./output/Unet', training=False)   #定义存储路径，并保存模型文件
```

程序运行结果如图 11-16 所示，从图 11-6 中可以看出，模型训练的进度及模型损失值的变化。

```
The loss value printed in the log is the current step, and the metric is the average value of previous step
Epoch 1/9

/opt/conda/envs/paddlepaddle2.0_gpu/lib/python3.7/site-packages/paddle/fluid/layers/utils.py:77: Deprecatio
ABCs from 'collections' instead of from 'collections.abc' is deprecated since Python 3.3, and in 3.9 it will
  return (isinstance(seq, collections.Sequence) and

step 107/107 [==============================] - loss: 0.9273 - 580ms/step
Eval begin...
step 19/19 [==============================] - loss: 1.2484 - 240ms/step
Eval samples: 150
Epoch 2/9
step 107/107 [==============================] - loss: 0.8151 - 590ms/step
Eval begin...
step 19/19 [==============================] - loss: 1.1715 - 225ms/step
Eval samples: 150
Epoch 3/9
step 107/107 [==============================] - loss: 0.6806 - 602ms/step
Eval begin...
step 19/19 [==============================] - loss: 0.9725 - 226ms/step
Eval samples: 150
```

图 11-16 程序运行结果 2

任务 5

评估服饰分割模型

（1）绘制模型训练过程中的损失曲线。首先，通过 for 循环提取记录损失值的列表中的每个元素，并保存到 log_loss 列表中；然后，利用 matplotlib 库绘制一个新的图像，通过 plt.plot()函数绘制 log_loss 列表中的每个元素，以得到一个以 epoch 为横轴，损失值为纵轴的折线图。该折线图可以帮助我们了解模型训练的进展情况和趋势，以便优化模型的训练参数和策略。

```
#绘制模型损失曲线
log_loss = [loss_log.losses[i] for i in range(0, len(loss_log.losses))]
plt.figure()
plt.plot(log_loss)
```

模型训练过程中的损失曲线如图 11-17 所示。由图 11-17 可知，开始部分（横坐标从 0 到 200）模型损失出现了急速下降，表示模型正在快速学习；中间部分（横坐标从 200 到 600）模型损失开始缓慢下降，表示模型从数据中能够学的东西变少了；最后部分（横坐标从 600 到 1000）模型损失下降趋于平稳，中间还有部分升高趋势，表示模型趋于拟合，可以停止训练。

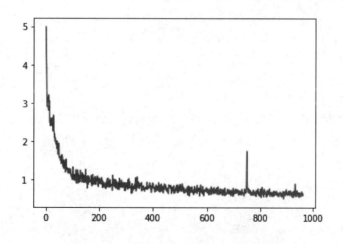

图 11-17　模型训练过程中的损失曲线

（2）使用封装好的 TrappingsDataset 数据读取器实例化预测使用的预测集。这里为了方便起见，没有另外准备预测数据，复用了评估数据，并直接使用 model.predict 接口对数据集进行预测操作，只需将预测数据集传递到接口中。

```
#获取预测数据集并对数据进行预测
predict_dataset = TrappingsDataset(mode='predict')
predict_results = model.predict(predict_dataset)
```

（3）从预测数据集中抽 3 张服饰图像以查看预测的效果，并展示原图、标签图和预测结果。

① 通过 plt.figure()函数创建一个新的图像，并将其大小设置为(10, 10)。

② 通过 with open()函数打开一个记录了预测结果和真实标签的文件，并逐行读取其中的内容。每行内容包含两个文件路径，一个是原始图像的路径，另一个是对应图像的真实标签的路径。

③ 使用 T.Compose()函数创建一个变换组合，用于统一调整图像的分辨率；批量调整读取到的原始图像和掩码图像的分辨率，并将它们转换为 NumPy 数组。

④ 代码进入一个循环，循环次数为 9 次，即读取并展示其中 9 张图像。在每次循环时，首先绘制原始图像，然后绘制对应的真实标签和预测结果。其中，预测结果是通过从预测结果中取出一个 mask 进行展示的。具体来说，先使用 predict_results[0]取出第一个输出的预测结果，再根据 mask_idx 的值，从 1000 个预测结果中选择第 mask_idx 个进行展示，从中提取出 mask，并将其展示出来。

⑤ 通过 plt.show()函数将预测结果显示出来。

```
#结果可视化
plt.figure(figsize=(10, 10))
i = 0
mask_idx = 0

#打开文件
with open('./predict.txt', 'r') as f:
    #逐行读取
    for line in f.readlines():
        #提取图像路径与标签路径
        image_path, label_path = line.strip().split('\t')
        resize_t = T.Compose([
            T.Resize(IMAGE_SIZE)
        ])
        image = resize_t(PilImage.open(image_path)) #批量更改图像的分辨率
        label = resize_t(PilImage.open(label_path))#批量更改掩码图像的分辨率
        image = np.array(image).astype('uint8') #将图像转换为数组
        label = np.array(label).astype('uint8') #将掩码图像转换为数组
        if i > 8:
            break
```

```
plt.subplot(3, 3, i + 1)
plt.imshow(image)
plt.title('Input Image')  #显示图像标题
plt.axis("off")
plt.subplot(3, 3, i + 2)
plt.imshow(label, cmap='gray')
plt.title('Label')
plt.axis("off")
# 模型只有一个输出
# 因此，通过 predict_results[0]取出 1000 个预测结果
# 使用原始图像的索引映射预测结果，并从中取出 mask 进行展示
data = predict_results[0][mask_idx][0].transpose((1, 2, 0))
mask = np.argmax(data, axis=-1)
plt.subplot(3, 3, i + 3)
plt.imshow(mask.astype('uint8'), cmap='gray')
plt.title('Predict')
plt.axis("off")
i += 3
mask_idx += 1
plt.show()
```

预测结果对比如图 11-18 所示。从图 11-18 中可以看出，服饰分割的效果不太理想，存在部分混淆。这是因为在服饰分割任务中，由于服装的复杂形状和纹理，分割边界可能比较模糊。这可能导致模型在分割边界处产生伪影和噪声，从而影响分割效果。可以尝试使用后处理技术（如边缘平滑、形态学操作等）来优化分割结果。

图 11-18　预测结果对比

任务 6

部署服饰分割模型

（1）单击"output"文件夹，查看在任务 4 中导出的模型文件，如图 11-19 所示。如果需要让他人访问我们训练好的模型，则可以进行服务器部署，将我们保存好的模型部署到服务器上。下面进行服务器部署。

（2）返回初始路径，单击页面右侧的"New"下拉按钮，在弹出的下拉列表中选择"Python [conda env:paddlepaddle2.0_gpu]"选项（见图 11-20），创建 Jupyter Notebook。

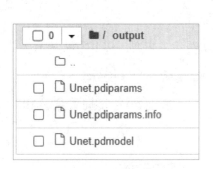

图 11-19　模型文件

图 11-20　选择"Python [conda env:paddlepaddle2.0_gpu]"选项 2

（3）导入实施本任务所需的库，使用 paddle.jit.load() 函数导入所保存的模型文件，使用 m.eval() 函数将模型设置为预测模式。

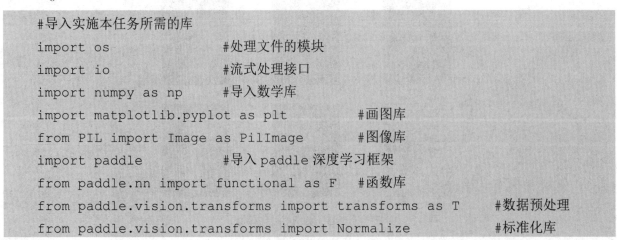

```
#导入实施本任务所需的库
import os                       #处理文件的模块
import io                       #流式处理接口
import numpy as np             #导入数学库
import matplotlib.pyplot as plt           #画图库
from PIL import Image as PilImage         #图像库
import paddle                  #导入paddle深度学习框架
from paddle.nn import functional as F    #函数库
from paddle.vision.transforms import transforms as T       #数据预处理
from paddle.vision.transforms import Normalize             #标准化库
```

```
#读取模型并将其设置为预测模式
m = paddle.jit.load("./output/Unet")                    #读取模型
m.eval()#将模型设置为预测模式
```

（4）定义一个图像读取函数。首先，定义一个 load_image()函数，通过 PilImage.open()
函数打开指定路径的图像文件，并将其赋值给变量 img。其次，通过 img.resize()函数将图
像的大小设置为(240,320)。再次，定义了一个 Normalize 对象 normalize，并将其应用于变
量 img，使得 img 中的每个像素值都经过归一化处理，其均值为[127.5,127.5,127.5]，标准差
也为[127.5,127.5,127.5]。最后，将处理后的变量 img 作为函数返回值。

```
#定义图像读取函数
def load_image(path):
    img = PilImage.open(path)
    img = img.resize((240, 320)),               #更改图像的大小
    normalize = Normalize(mean=[127.5, 127.5, 127.5],
                    std=[127.5, 127.5, 127.5],
                    data_format='HWC')         #对图像进行归一化
    img=normalize(img)              #将变量 img 作为函数返回值
    return img
```

（5）对图像进行处理，使其可以被深度学习模型使用，并将其传入模型。首先，调用前
面定义的 load_image()函数来加载测试图像，并将其赋值给变量 img。其次，通过
img.transpose()函数将图像的通道顺序从(240,320,3)转换为(3,240,320)，以适应网络输入的格
式。再次，通过 np.array()函数将变量 img2 转换为一个 NumPy 数组，将其赋值给变量 img2。
最后，调用已经定义好的神经网络模型 m()，并将变量 img2 传入模型，将输出结果赋值给
变量 out。

```
#加载图像
img=load_image('./unet_data/jpeg_images/IMAGES/img_0910.jpeg')
#转换图像的通道顺序
img2 = img.transpose((2, 0, 1))
#手动扩充一个维
img2=np.array([img2])
#将图像传入模型
out=m(img2)
```

（6）显示分割前与分割后的对比图。首先，将刚刚加载的变量 img 转换为 NumPy 数
组，并将其赋值给变量 image。然后，通过调用 plt.subplot()函数，在一个大小为 10 像素×10
像素的画布中创建一行两列的图像区域。在第一个图像区域中，先使用 plt.imshow()函数显

示原始的图像 img，并将其标题设置为"Input Image"，再关闭坐标轴。在第二个图像区域中，先将神经网络输出的结果 out 的通道顺序从(1, 2, 0)转换为(240, 320, 1)（因为模型输出是灰度图，所以维度为1），并使用 np.argmax()函数将输出结果转换为对应的掩码图像 mask，再使用 plt.imshow()函数显示掩码图像 mask，并将其标题设置为"Predict"，关闭坐标轴。两个图像区域都设置完成后，调用 plt.show()函数显示绘制的图像。

```python
#显示分割前与分割后的对比图
image = np.array(img).astype('uint8')
plt.figure(figsize=(10,10))
plt.subplot(1, 2,1)                      #设置一行两列的图像区域
plt.imshow(img)
plt.title('Input Image')
plt.axis("off")
data = out[-1].transpose((1, 2, 0))      #还原通道
mask = np.argmax(data, axis=-1)
plt.subplot(1, 2, 2)
plt.imshow(mask.astype('uint8'), cmap='gray')
plt.title('Predict')
plt.axis("off")
plt.show()
```

模型预测结果如图 11-21 所示。至此，已经成功地将服饰分割模型部署到服务器上。

图 11-21　模型预测结果

拓展学习

建议学生以 2 人或 3 人为一个小组开展拓展学习，在实施过程中充分讨论，互相学习

和验证，最终共同完成拓展学习任务。

拓展学习 1：本项目在训练 U-Net 模型时，使用了 RMSProp 优化器，其原理是通过维护历史梯度平方的移动平均值来自适应地调整全局学习率，以避免梯度消失或爆炸的问题。请查阅资料，了解其他的优化器，并填写表 11-1。

表 11-1　其他优化器及其原理

序号	其他优化器	原理
1		
2		
3		

拓展学习 2：请编写程序，完成以下任务。

（1）尝试调整 paddle.optimizer.RMSProp 和 model.fit()函数的超参数。

（2）对不同超参数模型进行训练。

（3）对比不同超参数模型的效果。

（4）提供 3 张不同超参数模型对服饰图像的分割效果对比图。

思政课堂

农村电商为乡村振兴插上翅膀

服饰分割是互联网电商的典型案例。随着人工智能技术的不断发展和成熟，农村电商在人工智能技术的帮助下对乡村振兴起到了积极的推动作用。农村电商是电子商务的重要领域，担负着推动乡村振兴的重要职责。

"十三五"时期，农村电商快速发展，其交易规模持续增长，电商扶贫成效有目共睹，能够有力促进农民增收和农村经济社会发展，是实现乡村振兴的有效途径之一。农村电商在人工智能技术的帮助下对乡村振兴具有重要意义。通过加强基础设施建设、人才培养、信息透明度等方面的工作，可以推动农村电商的快速发展，为乡村振兴贡献力量。

一、项目目标

在学习完本项目后，将自己对知识的掌握情况填入表 11-2，并对相应项目目标进行难度评估。评估方法：给相应项目目标后的☆涂色，难度系数范围为 1～5。

表 11-2　项目目标自测表

项目目标	目标难度评估	是否掌握（自评）
熟悉传统的图像分割方法	☆☆☆☆☆	
熟悉深度学习图像分割算法——U-Net	☆☆☆☆☆	
能够基于 PaddlePaddle 框架来训练 U-Net 模型	☆☆☆☆☆	
能够将服饰分割模型部署到服务器上	☆☆☆☆☆	
了解乡村振兴战略	☆☆☆☆☆	

二、项目分析

本项目介绍了图像分割的进阶知识，并训练 U-Net 模型实现了服饰分割。请结合分析，将项目具体实践步骤（简化）填入图 11-22 中的方框。

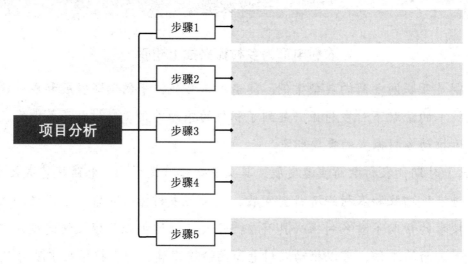

图 11-22　项目分析步骤

三、知识抽测

1．传统的图像分割方法是早期的分割手段，它们大多简单、有效，经常作为图像处理的预处理步骤，请将对应内容进行连线。

基于聚类分割　　　　检测图像中的边缘信息，将图像分割成具有不同边缘的区域

基于阈值分割　　　　将像素的灰度值与预先设定的阈值进行比较，并根据比较结果将像素分为不同的区域

基于边缘分割　　　　通过计算像素点之间的相似性，将图像像素分为不同的簇

2．U-Net 是一种编码器-解码器结构的全卷积神经网络，其网络结构如图 11-23 所示。请在图 11-23 中指出编码器、解码器和跳跃连接。

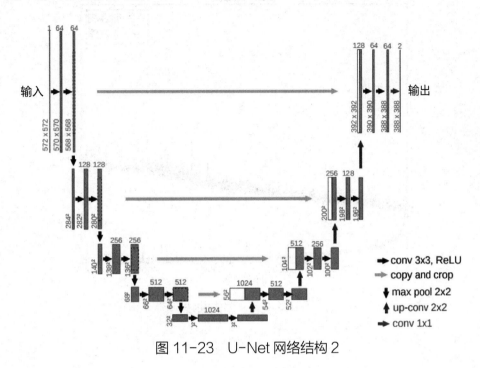

图 11-23　U-Net 网络结构 2

3．请查阅资料，了解更多深度学习图像分割算法，参考表 11-3 中的第 1 项填写其他 3 种图像分割算法。

表 11-3　深度学习图像分割算法

序号	算法	提出时间	特点
1	U-Net	2015 年	使用编码器-解码器结构（U 型网络结构）来获取上下文的信息和位置信息
2			
3			
4			

四、实训抽测

1．Python 的 os 模块提供了很多与操作系统相关的功能，使得用户可以与系统进行交互，操作文件和目录。请将 os 模块中的常见方法及功能进行连线。

os.remove()　　　　　　　　　移动或重命名文件

os.listdir()　　　　　　　　　删除指定路径的文件

os.rename()　　　　　　　　　列出路径下所有文件

2．在构建模型时，需要使用许多函数，请将以下函数及功能进行连线。

BatchNorm()　　　　　　　　　卷积层

Pool2D()　　　　　　　　　　批归一化层

Conv2DTranspose()　　　　　　反卷积层

Conv2D()　　　　　　　　　　池化层

3．请解读图 11-24 中的两条损失曲线。

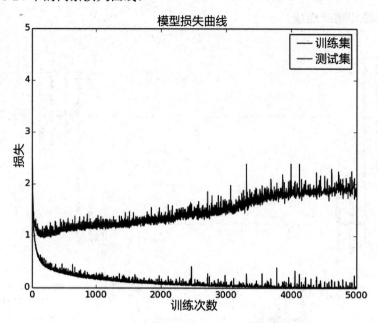

图 11-24　损失曲线

项目 **12**

基于 CRNN 的商品图像文字识别

案例导入

当前，在各类网络平台上有很多夸大宣传的促销者。2021 年，某公司发布了"治疗癌症、增强人体抗病免疫功能、调节身体健康、提高人体免疫力、抑制肿瘤、抗衰老"等宣传内容，并在宣传海报中利用国家机关工作人员的名义和形象进行宣传。上述行为违反了《中华人民共和国广告法》中第九条的规定，因此有关部门对此做出了行政处罚。虽然已有相关法律法规对广告进行管控，但是网络平台上依然存在大量违规的广告图文，而人工逐张审核的工作量大，效率低。因此，智能审核系统应运而生。该系统能够自动识别商品图像中的文字信息，并根据识别结果判断是否包含敏感词，从而提示工作人员及时采取有效措施，针对违反广告法、虚假宣传、"三无产品"等行为进行专项整治，以提升图像审核的效率及准确性。

思考：网络电商广告都有哪些违禁词？

学习目标

（1）掌握文字识别的基本过程。

（2）熟悉深度学习文字识别算法——CRNN。

（3）能够调用文字识别预训练模型。

（4）能够检测图像中的敏感词。

（5）培育社会主义核心价值观"文明"。

项目描述

本项目要求使用市面上已有的成熟文字识别模型对商品图像进行文字识别操作，并进行敏感词检测，如图 12-1 所示。

图 12-1　商品图像文字识别效果

项目分析

本项目首先介绍文字识别的进阶知识，然后介绍调用文字识别模型来实现商品图像文字识别，具体分析如下。

（1）学习文字识别的基本过程，包括文本定位、字符分割及字符识别。

（2）熟悉深度学习文字识别算法 CRNN，着重了解其网络结构的组成和特点。

（3）能够调用 PaddlePaddle 框架中的文字识别模型实现商品图像文字识别。

（4）能够自动检测商品图像中是否包含敏感词，并进行提示。

知识准备

图 12-2 所示为基于 CRNN 的商品图像文字识别的思维导图。

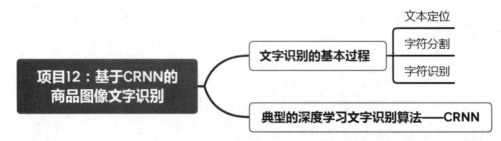

图 12-2　基于 CRNN 的商品图像文字识别的思维导图

知识点 1：文字识别的基本过程

文字识别的基本过程（见图 12-3）一般包括以下 3 个步骤：文本定位、字符分割、字符识别。

输入图像　▶ 文本定位 ▶ 字符分割 ▶ 字符识别 ▶ 输出结果

图 12-3　文字识别的基本过程

1）文本定位

文本定位是指在图像中定位文本区域。作为图像文字识别的第一步，文本定位的准确性直接决定了最终的识别结果。文本定位算法有很多种，这里简单介绍基于连通成分的方法。在该方法中，一般认为同一字符中的像素都具有相同或相似的性质。该方法首先根据像素点在空间上的近邻性和在边缘宽度（笔画宽度）、色彩、纹理等方面的相似性来过滤大部分背景像素，然后将字符中的像素聚合为连通成分，最后过滤掉背景部分，从而定位文本。

2）字符分割

字符分割是指将定位到的文本区域分割成单个字符，如图 12-4 所示。字符分割是文字识别技术中比较关键的一步，因为字符的形状和大小不同，所以需要通过一些算法来准确地分割字符。

二值化结果图

二值化分割效果图

图 12-4　字符分割

在研究的初始阶段，垂直投影被用于分割字符，但其在某些情况下很难确定最佳投影阈值：若阈值过高，则不能正确地分割某些字符；若阈值过低，则可能将一个字符分割成多部分。

利用字符分割算法获取精确的字符区域，是文字识别算法在将已定位图像转换为可由计算机处理字符串的前提。近年来，在针对文字识别的研究中，一直将文本分割和识别放在识别问题上进行处理。但是，在实际操作过程中，字符内部的分割也是不容忽视的步骤。如果在实验过程中发生字符分割和拼接错误，并且部分字符区域丢失，则会严重影响文字识别的准确率，如"8"在分割过程中丢失一半，大多数识别算法都会将其错误地识别为"3"。

3）字符识别

字符识别是指将分割出的单个字符识别为对应的文字。字符识别可以通过模式匹配、深度学习等方法来实现。模式匹配方法先将字符与已知的模板进行对比，再找到与其最相似的模板来确定字符的类别。深度学习方法首先通过训练一个分类器，将字符的特征与其类别进行关联，然后利用分类器对字符进行识别，最后将每个字符的识别结果组合起来，形成文字识别结果。常见的深度学习方法包括 CRNN、CNN+Seq2Seq+Attention 等。文字识别如图 12-5 所示。

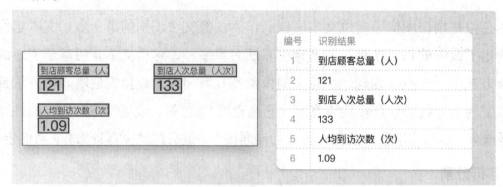

图 12-5　文字识别

知识点 2：典型的深度学习文字识别算法——CRNN

CRNN（Convolutional Recurrent Neural Network，卷积递归神经网络）主要用于端到端地对不定长的文本序列进行识别，不需要先对单个文字进行分割，而是将文字识别转化为时序依赖的序列学习问题，即基于图像的序列识别。

如图 12-6 所示，整个 CRNN 网络结构包含 3 部分：第 1 部分是 CNN（卷积层），其使用深度 CNN 提取图像的特征，得到特征图；第 2 部分是 RNN（循环层），其将前一步的输出和当前步的输入作为输入，对序列进行前向传播并提取序列特征；第 3 部分是 CTC（转录层），其将循环层的输出序列转化为标签序列，并且无须对齐。

CRNN 的主要特点如下。

- 端到端学习：CRNN 模型是一个完整的端到端模型。从图像的原始像素到输出的文本标签，无须额外的预处理或特征抽取步骤，整个模型结构可以进行一次性训练。

- 处理变长序列：CRNN 模型可以处理长度不固定的文本序列，这主要得益于循环层的处理方式。因此，无论输入的文本长度如何变化，CRNN 模型都可以进行有效的处理并提供良好的结果。

- 自动学习特征：许多其他技术可能需要人工设计和选择特征来进行识别，而 CRNN 模型可以利用卷积层自动学习并提取对文字识别有帮助的特征。

- 考虑上下文信息：CRNN 模型利用了 RNN 的特性，可以考虑字符序列中的上下文关系，这对理解语序和依赖关系非常重要。

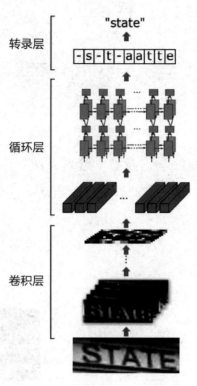

图 12-6　CRNN 网络结构 1

　　CRNN 的特点使其在图像中的文本序列识别任务中具有很强的性能，尤其是在解决场景文字识别问题方面。

项目实施

　　本项目将使用已有的数据集，对电商平台上的商品宣传图进行文字识别操作，并将识别到的文字信息进行敏感词判断，保存文字识别结果图及敏感词检测结果图。

　　实训目的： 通过实训掌握商品文字识别的实现方法，并将其应用到人工智能项目场景中。

　　实训要求： 学生以 2 人或 3 人为一个小组，在实训过程中充分讨论、学习和验证，最终共同完成实训任务。

　　目标成果： 商品图像文字识别.ipynb、文字识别结果图、敏感词检测结果图。

任务1

导入数据集

（1）打开人工智能交互式在线学习及教学管理系统，进入控制台页面，单击"人工智能在线实训及算法校验"选项中的"启动"按钮，启动人工智能在线实训及算法校验环境，如图 12-7 所示。

图 12-7　启动人工智能在线实训及算法校验环境

（2）启动人工智能在线实训及算法校验环境后，可以看到其中有一个名为 image 的文件夹。该文件夹中存储的是本项目所需的数据集。单击 image 文件夹，打开该文件夹，可以看到其中共有 90 张来自电商平台的商品宣传图（数据集），如图 12-8 所示。

图 12-8　查看数据集

（3）了解数据集的情况后，返回初始路径。单击页面右侧的"New"下拉按钮，在弹出的下拉列表中选择"Python[conda env:paddlepaddle2.4]"选项（见图 12-9），创建 Jupyter Notebook。

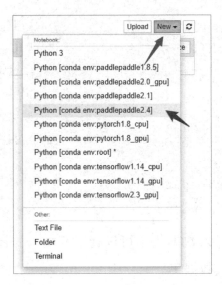

图 12-9　选择"Python[conda env:paddlepaddle2.4]"选项

（4）创建 Jupyter Notebook 后，即可在代码编辑块中输入代码。如果需要增加代码块，则可以单击功能区的"＋"按钮（见图 12-10）；如果需要运行代码块，则可以按快捷键"Shift+Enter"。

图 12-10　增加代码块

（5）导入实施本任务所需的库。

```python
# 导入实施本任务所需的库
import os                              #用于操作文件和目录
import cv2                             #用于图像处理
import shutil                          #用于文件操作
import paddlehub as hub                #用于使用 PaddleHub 模型
import matplotlib.pyplot as plt        #用于绘图
import matplotlib.image as mpimg       #用于读取和显示图像
```

（6）导入数据集，并判断能否正常打开图像。如果图像损坏无法打开，则将其删除。

```python
# 导入和预处理数据
# 待预测图像
```

```
path='./image/'                              # 爬取的数据集路径
img_list=os.listdir(path)                    # 读取文件夹中所有文件的名称
img_path_list = []
for img in img_list:
    if img[-3:] == 'jpg':                    # 判断文件扩展名是否为jpg
        img_path = path+img                  # 拼接文件路径和文件名称
        img=cv2.imread(img_path)             # 读取图像
        try:
            s=img.shape                      # 尝试获取图像的shape属性
            img_path_list.append(img_path)   # 将图像路径添加到列表中
        except:
            os.remove(img_path)              # 如果读取失败,则删除该图像文件
            continue
```

（7）为了确认是否成功导入数据集，可以选取其中一张图像进行展示，如果程序返回了该图像，则说明已成功导入数据集。

```
# 展示其中一张图像
img1 = mpimg.imread(img_path_list[0]) # 读取第一张图像
plt.figure(figsize=(10,10)) # 设置图像的尺寸
plt.imshow(img1) # 显示图像
plt.axis('off') # 不显示坐标轴
plt.show() # 显示图像
```

程序输出结果如图 12-11 所示，说明成功导入数据集。

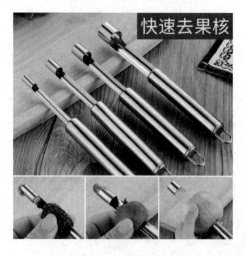

图 12-11　程序输出结果

任务 2

识别图像中的文字

（1）本任务将使用 PaddleHub 提供的文字识别模型 chinese_ocr_db_crnn_mobile。chinese_ocr_db_crnn_mobile 模型基于 chinese_text_detection_db_mobile Module 检测得到的检测框，先识别检测框中的中文文字，再对检测框进行角度分类。其中，文字识别算法采用 CRNN。chinese_ocr_db_crnn_mobile 模型是一个超轻量级中文文字识别模型，支持直接预测。想要使用 chinese_ocr_db_crnn_mobile 模型进行文字识别，需要先通过以下代码加载模型。

```
# 加载模型
ocr = hub.Module(name="chinese_ocr_db_crnn_mobile")
```

（2）加载模型后，即可调用该模型进行文字识别。

```
# 文字识别
np_images =[cv2.imread(image_path) for image_path in img_path_list]
results = ocr.recognize_text(
                 images=np_images,                  # 图像数据
                 use_gpu=False,                      # 不使用 GPU
                 output_dir='./ocr_result',          # 图像的保存路径
                 visualization=True,                 # 将识别结果保存为图像文件
                 box_thresh=0.5,                     # 设置检测框置信度的阈值
                 text_thresh=0.5)                    # 设置中文文本置信度的阈值
print(results)
```

程序输出结果如下。

```
  [{'save_path': './ocr_result/ndarray_1704768169.3401134.jpg', 'data':
[{'text': '新源佰花', 'confidence': 0.9975957870483398, 'text_box_position':
[[34, 36], [421, 36], [421, 135], [34, 135]]}, {'text': 'OEM代工',
'confidence': 0.990755558013916, 'text_box_position': [[39, 162], [327,
162], [327, 230], [39, 230]]}, {'text': '菊花决明子茶', 'confidence':
0.9597837328910828, 'text_box_position': [[34, 267], [323, 267], [323,
303], [34, 303]]}......
```

从程序输出结果可以看出，一张图像的文字识别结果为一个字典，字典中包含两个字段，分别为保存图像的路径 save_path 和文字识别结果数据 data。其中，data 字段中包含 text（识别到的文字内容）、confidence（识别到的文字的置信度）、text_box_position（识别到的文字在图像中的位置）3 个参数。

（3）返回初始路径，单击"ocr_result"文件夹，可以看到该文件夹中存放着每张图像的文字识别结果图，如图 12-12 所示。

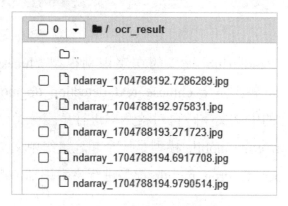

图 12-12　文字识别结果图

（4）单击其中一张图像，可以查看图像中的具体内容，如图 12-13 所示。从图 12-13 左侧可以很直观地看到商品宣传图中所识别的文字都被检测框标识出来了，但是包装盒侧面的文字没有被识别出来。这是因为那部分的文字太小并且是倾斜的，连肉眼都难以分辨，因此模型没有识别出来也是合理的。从图 12-13 右侧的结果中可以看到所使用的文字识别模型成功地识别出 18 行文字，并且置信度都较高，大部分达到了 0.9，说明模型的文字识别结果较为准确。

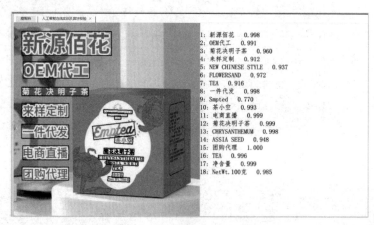

图 12-13　文字识别结果图示例

检测敏感词

（1）在判断敏感词前，需要先定义敏感词列表，便于后面筛选存在敏感词的图像。我国《中华人民共和国广告法》明文规定，广告不得使用"国家级""最高级""最低价""第一""销量第一""首个"等用语。此处以上述几个词为例来定义敏感词列表。

```python
if not os.path.exists('mg_result'):    # 检查 mg_result 文件夹是否存在
    os.mkdir('mg_result')# 如果 mg_result 文件夹不存在，则创建新的文件夹
mg_list = ['国家级', '最高级', '最低价', '第一','销量第一','首个']  # 敏感词列表
mg_path_list = []  # 存在敏感词图像列表
```

（2）定义完敏感词列表后，对每张图像中的文字信息进行检测，并与敏感词列表进行比较，将包含敏感词的图像筛选出来，并将这些图像复制到 mg_result 文件夹中。

```python
# 检测敏感词
num = 0
for result in results:                    # 循环每张图像的检测结果
    num += 1
    data = result['data']                 # 获取结果中的 data 部分
    save_path = result['save_path']       # 获取结果中的保存路径
    for infomation in data:               # 循环一张图像的每个检测结果
        text = infomation['text']         # 检测到的文字
        for j in mg_list:                 # 将这一文字信息与敏感词列表进行比较
            if j in text:                 # 判断文本中是否存在敏感词
                mg_path = img_path_list[(num-1)]
                    #若存在敏感词，则将这张图像复制到 mg_result 文件夹中
                shutil .copyfile(mg_path, './mg_result/'+mg_path[7:])
                # 判断存在敏感词的图像是否在敏感词图像列表中
                if mg_path not in mg_path_list:
                    # 将存在敏感词的图像路径添加到敏感词图像列表中
                    mg_path_list.append(mg_path)
                print('敏感词：',text)
# 打印所有存在敏感词的图像路径列表
print('存在敏感词的图像：',mg_path_list)
```

程序输出结果如下。

> 敏感词： 全国销量第一
> 敏感词： 国家级精品海参
> 敏感词： 全网最低价来啦！
> 存在敏感词的图像： ['./image/image_35.jpg']

从程序输出结果可以看出，image_35.jpg 图像中有 3 行文字包含敏感词。

（3）返回初始路径，单击 mg_result 文件夹，可以查看程序所检测到的包含敏感词的商品宣传图，如图 12-14 所示。由图 12-14 可知，此图中有 7 行文字，其中有 3 行文字包含敏感词，这说明程序的检测结果较为准确。

图 12-14　包含敏感词的商品宣传图

拓展学习

建议学生以 2 人或 3 人为一个小组开展拓展学习，在实施过程中充分讨论，互相学习和验证，最终共同完成拓展学习任务。

拓展学习 1： 本项目介绍了如何调用 PaddleHub 提供的文字识别模型 chinese_ocr_db_crnn_mobile。除此之外，还有其他很多已经成熟的文字识别模型，请查阅资料并填写表 12-1。

表 12-1　其他文字识别模型

序号	文字识别模型	所用框架	功能
1			
2			
3			

拓展学习 2： 请编写程序，完成以下任务。

（1）寻找新的电商图像作为数据集，并将其保存在任务 1 的 image 文件夹中。

（2）修改任务 2 中敏感词列表。

（3）编写程序对新收集的数据集进行文字识别和敏感词判断。

思政课堂

践行社会主义核心价值观，塑造文明新社会

本项目介绍的是文字识别中的应用——敏感词识别。什么是敏感词？敏感词通常包括带有暴力倾向、不健康色彩的词或不文明语等，以及一些根据自身实际情况设定的一些只适用于本网站的特殊敏感词。通过过滤和限制敏感词，能够规范人们在网络中交流时的用语，提高网络文明素质。

党的十八大提出，倡导富强、民主、文明、和谐，倡导自由、平等、公正、法治，倡导爱国、敬业、诚信、友善，积极培育和践行社会主义核心价值观。文明作为社会主义核心价值观之一，是社会进步的重要标志，也是社会主义现代化国家的重要特征。

对于社会，文明的行为方式能够建立起相互信任和合作的关系，保持社会的秩序和稳定；能够减少偏见和歧视，建立起多元文化和谐共存的社会环境，实现社会的共同发展和繁荣等。对于个人，文明的行为方式有助于提高自我修养和促进个人成长，彰显个人的价值和道德准则，有助于获得社会的认同和建立社会责任感等。

文明无论是对个人还是对社会，都有着重要的意义。因此，我们每个人都应该重视文明，从自身做起，积极倡导和践行文明的行为方式，共同建设一个更加美好的社会。

一、项目目标

在学习完本项目后，将自己对知识的掌握情况填入表 12-2，并对相应项目目标进行难度评估。评估方法：给相应项目目标后的☆涂色，难度系数范围为 1～5。

表 12-2　项目目标自测表

项目目标	目标难度评估	是否掌握（自评）
掌握文字识别的基本过程	☆☆☆☆☆	
熟悉深度学习文字识别算法——CRNN	☆☆☆☆☆	
能够调用文字识别预训练模型	☆☆☆☆☆	
能够检测图像中的敏感词	☆☆☆☆☆	
培育社会主义核心价值观"文明"	☆☆☆☆☆	

二、项目分析

本项目介绍了文字识别的进阶知识，并调用模型实现了商品图像文字识别。请结合分析，将项目具体实践步骤（简化）填入图 12-15 中的方框。

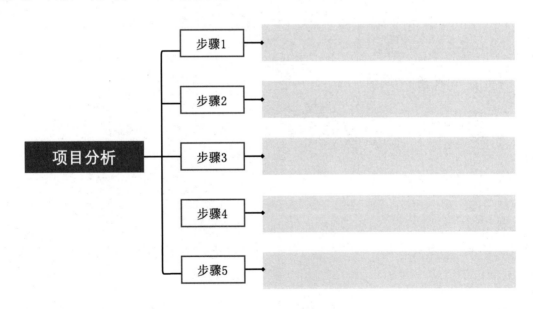

图 12-15　项目分析步骤

三、知识抽测

1. 一个完整的文字识别过程一般包括以下 3 个步骤，请在"○"内填写序号，并将对应内容进行连线。

顺序	步骤	描述	常用方法
○	字符分割	在图像中定位文本区域	基于连通成分
○	文本定位	将分割出的单个字符识别为对应的文字	垂直投影
○	字符识别	将定位到的文本区域分割成单个字符	模式匹配

2. CRNN 网络结构包含 3 部分，如图 12-16 所示，请在横线处填写缺失内容。

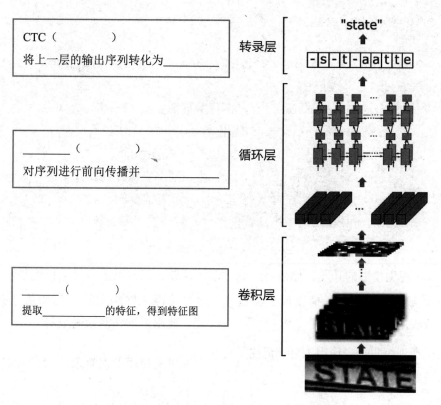

CTC（　　　　）
将上一层的输出序列转化为_____

转录层

_____（　　　　）
对序列进行前向传播并_____

循环层

_____（　　　　）
提取_____的特征，得到特征图

卷积层

图 12-16　CRNN 网络结构 2

3. CRNN 作为典型的深度学习文字识别算法，有很多特点，请判断哪些属于 CRNN 的特点。

- □ 不需要使用卷积层处理输入
- □ 自动学习特征
- □ 端到端学习
- □ 无法进行多尺度学习
- □ 可以处理序列数据
- □ 可以处理长度不固定的文本
- □ 只能进行监督学习
- □ 考虑上下文信息

4. 请查阅资料，了解更多深度学习文字识别算法，参考表 12-3 中的第 1 项填写其他 3 种文字识别算法。

表 12-3　深度学习文字识别算法

序号	算法	提出时间	特点
1	CRNN	2015 年	将文字识别转化为时序依赖的序列学习
2			
3			
4			

四、实训抽测

1. 本项目加载 PaddleHub 提供的模型来实现文字识别，请在横线处填写缺失内容。

```
# 加载模型
ocr = _____(name="chinese_ocr_db_crnn_mobile")
# 文字识别
np_images =[cv2.imread(image_path) for image_path in img_path_list]
results = ocr.recognize_text(
            images=np_images,  # 图像数据
            use_gpu=False,  # 不使用GPU
            output_dir='./ocr_result',  # 图像的_____
            visualization=_____,  # 将识别结果保存为图像文件
            box_thresh=0.5,  # 设置_____置信度的阈值
            text_thresh=0.5)  # 设置_____置信度的阈值
print(results)
```

2. 经历了多个计算机视觉模型的开发，你是否遇到过以下问题，请将以下内容进行连线。

过拟合　　在反向传播过程中，梯度值变得特别小，导致权重几乎不更新　　　可能是网络太深、初始值选择不合理、使用了饱和激活函数等

欠拟合　　模型在训练集上表现得太好，记住了过多的细节或噪声　　　可能是模型太复杂，训练时间过长等

梯度消失　　在反向传播过程中，梯度值变得特别大，导致权重更新过快，从而使网络不稳定　　　可能是网络初始化不当，全局学习率太高等

梯度爆炸　　在训练集上的表现不佳　　　可能是模型不够复杂，全局学习率太低等

参考文献

[1] 李开复，王咏刚. 人工智能[M]. 北京：文化发展出版社，2017.

[2] 彭小红，张良均. 深度学习与计算机视觉实战[M]. 北京：人民邮电出版社，2022.

[3] 李轩涯，曹焯然，计湘. 计算机视觉实践[M]. 北京：清华大学出版社，2022.

[4] 郭卡，戴亮. Python 计算机视觉与深度学习实战[M]. 北京：人民邮电出版社，2021.

[5] 田黎. 计算机视觉应用开发基础[M]. 北京：电子工业出版社，2023.

[6] 夏帮贵. OpenCV 计算机视觉基础教程（Python 版|慕课版）[M]. 北京：人民邮电出版社，2021.

[7] 张晓明. 人工智能基础——数学知识[M]. 北京：人民邮电出版社，2020.

[8] 谭铁牛. 人工智能[M]. 北京：中国科学技术出版社，2019.

[9] 常城，宋晨静，高浩. 计算机视觉应用开发（中级）[M]. 北京：高等教育出版社，2022.

[10] 李红蕾，胡云冰，王翊，等. 计算机视觉技术[M]. 北京：电子工业出版社，2021.

[11] 蔡自兴，刘丽珏，蔡竞峰，等. 人工智能及其应用[M]. 3 版. 北京：高等教育出版社，2016.

[12] 方水平，刘业辉. 计算机视觉应用开发[M]. 北京：中国铁道出版社有限公司，2023.

[13] 胡建华，陈宗仁. 深度学习与图像识别[M]. 西安：西安电子科技大学出版社，2023.

[14] 周越. 人工智能基础与进阶[M]. 2 版. 上海：上海交通大学出版社，2022.

[15] 肖铃，刘东. 深度学习计算机视觉实战[M]. 北京：电子工业出版社，2021.